Zur Fehlerkompensation und Bahnkorrektur für eine mobile Großmanipulator-Anwendung

Von der Fakultät Konstruktions- und Fertigungstechnik
der Universität Stuttgart zur Erlangung der
Würde eines Doktor-Ingenieurs (Dr.-Ing.)

genehmigte Abhandlung

vorgelegt von

Dipl. - Ing. Klaus Dieter Rupp

aus Ingelfingen

Hauptberichter: Prof. Dr.-Ing., Dr. h.c. mult. H.-J. Warnecke

Mitberichter: Prof. Dr.-Ing., Dr. h.c. W. Schiehlen

Tag der Einreichung: 20.12.95

Tag der mündlichen Prüfung: 29.11.96

Klaus Dieter Rupp

Zur Fehlerkompensation und Bahnkorrektur für eine mobile Großmanipulator-Anwendung

Mit 48 Abbildungen und 17 Tabellen

 Springer

Dr.-Ing. Klaus Dieter Rupp
Fraunhofer-Institut für Produktionstechnik und Automatisierung (IPA), Stuttgart

Prof. Dr.-Ing. Dr. h. c. Dr.-Ing. E. h. H. J. Warnecke
o. Professor an der Universität Stuttgart
Fraunhofer-Institut für Produktionstechnik und Automatisierung (IPA), Stuttgart

Prof. Dr.-Ing. habil. Dr. h. c. H.-J. Bullinger
o. Professor an der Universität Stuttgart
Fraunhofer-Institut für Arbeitswirtschaft und Organisation (IAO), Stuttgart

D 93

ISBN-13: 978-3-540-62625-1   e-ISBN-13: 978-3-642-47896-3
DOI: 10.1007/ 978-3-642-47896-3

Gesamtherstellung: Copydruck GmbH, Heimsheim
SPIN 10570609   62/3020–543210

Geleitwort der Herausgeber

Über den Erfolg und das Bestehen von Unternehmen in einer marktwirtschaftlichen Ordnung entscheidet letztendlich der Absatzmarkt. Das bedeutet, möglichst frühzeitig absatzmarktorientierte Anforderungen sowie deren Veränderungen zu erkennen und darauf zu reagieren.

Neue Technologien und Werkstoffe ermöglichen neue Produkte und eröffnen neue Märkte. Die neuen Produktions- und Informationstechnologien verwandeln signifikant und nachhaltig unsere industrielle Arbeitswelt. Politische und gesellschaftliche Veränderungen signalisieren und begleiten dabei einen Wertewandel, der auch in unseren Industriebetrieben deutlichen Niederschlag findet.

Die Aufgaben des Produktionsmanagements sind vielfältiger und anspruchsvoller geworden. Die Integration des europäischen Marktes, die Globalisierung vieler Industrien, die zunehmende Innovationsgeschwindigkeit, die Entwicklung zur Freizeitgesellschaft und die übergreifenden ökologischen und sozialen Probleme, zu deren Lösung die Wirtschaft ihren Beitrag leisten muß, erfordern von den Führungskräften erweiterte Perspektiven und Antworten, die über den Fokus traditionellen Produktionsmanagements deutlich hinausgehen.

Neue Formen der Arbeitsorganisation im indirekten und direkten Bereich sind heute schon feste Bestandteile innovativer Unternehmen. Die Entkopplung der Arbeitszeit von der Betriebszeit, integrierte Planungsansätze sowie der Aufbau dezentraler Strukturen sind nur einige der Konzepte, die die aktuellen Entwicklungsrichtungen kennzeichnen. Erfreulich ist der Trend, immer mehr den Menschen in den Mittelpunkt der Arbeitsgestaltung zu stellen – die traditionell eher technokratisch akzentuierten Ansätze weichen einer stärkeren Human- und Organisationsorientierung. Qualifizierungsprogramme, Training und andere Formen der Mitarbeiterentwicklung gewinnen als Differenzierungsmerkmal und als Zukunftsinvestition in *Human Recources* an strategischer Bedeutung.

Von wissenschaftlicher Seite muß dieses Bemühen durch die Entwicklung von Methoden und Vorgehensweisen zur systematischen Analyse und Verbesserung des Systems Produktionsbetrieb einschließlich der erforderlichen Dienstleistungsfunktionen unterstützt werden. Die Ingenieure sind hier gefordert, in enger Zusammenarbeit mit anderen Disziplinen, z.B. der Informatik, der Wirtschaftswissenschaften und der Arbeitswissenschaft, Lösungen zu erarbeiten, die den veränderten Randbedingungen Rechnung tragen.

Die von den Herausgebern geleiteten Institute, das

- Institut für Industrielle Fertigung und Fabrikbetrieb der
  Universität Stuttgart (IFF),

- Institut für Arbeitswissenschaft und Technologiemanagement (IAT)

- Fraunhofer-Institut für Produktionstechnik und Automatisierung
  (IPA),

- Fraunhofer-Institut für Arbeitswirtschaft und Organisation (IAO)

arbeiten in grundlegender und angewandter Forschung intensiv an
den oben aufgezeigten Entwicklungen mit. Die Ausstattung der
Labors und die Qualifikation der Mitarbeiter haben bereits in der
Vergangenheit zu Forschungsergebnissen geführt, die für die Praxis
von großem Wert waren. Zur Umsetzung gewonnener Erkenntnisse wird
die Schriftenreihe "IPA-IAO - Forschung und Praxis" herausgegeben.
Der vorliegende Band setzt diese Reihe fort. Eine Übersicht über
bisher erschienene Titel wird am Schluß dieses Buches gegeben.

Dem Verfasser sei für die geleistete Arbeit gedankt, dem Springer-
Verlag für die Aufnahme dieser Schriftenreihe in seine Angebots-
palette und der Druckerei für saubere und zügige Ausführung. Möge
das Buch von der Fachwelt gut aufgenommen werden.

           H.J. Warnecke   H.-J. Bullinger

Vorwort des Autors

Die vorliegende Arbeit entstand während meiner Tätigkeit als wissenschaftlicher Mitarbeiter am Institut für Produktionstechnik und Automatisierung (IPA) in Stuttgart.

Mein besonderer Dank gilt dem früheren Leiter des Instituts und jetzigen Präsidenten der Fraunhofergesellschaft, Herrn Prof. Dr.-Ing. Dr.h.c.mult. H.-J. Warnecke für seine großzügige Förderung, die entscheidend zur erfolgreichen Durchführung der Arbeit beigetragen hat

Herrn Prof. Dr.-Ing Dr. h.c. W. Schiehlen danke ich für die Übernahme des Mitberichts.

Aus dem Kreis der Kollegen des Institutes, die mich durch ihre Mitarbeit und anregende Kritik unterstützt haben, möchte ich die Herren Prof. Dr. Ing. R.D. Schraft, Dr. Ing. M. Schweitzer, Dr. Ing. W. Engeln, Dipl.-Ing. T.F. Herkommer und Dipl.-Ing. H. Biesinger besonders erwähnen.

Dank gebührt auch Dr.-Ing. M.C. Wanner, Dipl.-Ing. H. Veit und Dipl.-Ing. O. Wurst sowie den Mitarbeitern von PMW und der DLH die im Projekt SKYWASH mitwirkten und dadurch viel zum Erfolg der Arbeit beigetragen haben.

Der Familie Wenderoth danke ich für die eingehende Durchsicht der Arbeit und die sich daraus ergebenden Anregungen.

Bei meinen Eltern und meiner Freundin möchte ich mich ebenfalls bedanken, da Sie die Voraussetzungen für die Anfertigung der Arbeit geschaffen haben.

Stuttgart, 1996   Klaus Dieter Rupp

Inhaltsverzeichnis

0 Abkürzungen und Formelzeichen

Skalare Größen

Formel-zeichen	Einheit	Bedeutung
A	m^2	Kolbenfläche
a		Gewichtungsfaktor
a,b,c	rad	Kleine Deformationswinkel eines Gelenks
α,β,γ	rad	Kleine Verdrillungen eines Gelenks
g	m/s^2	Gravitationskonstante
h		Räumlicher Einflußvektor zur Bewertung des shift
k,λ		Verstärkungsfaktoren
m	kg	Masse
p	V	Abgetastetes Signal
φ	rad	Orientierungswinkel der Waschbürste
θ_i	rad	Achswinkel der Achse i
S		Gütemaß einer Minimierung
s	m	Hub des Hydraulikzylinders
T	s	Abtastperiode
w_v		Maß für die Manipulierbarkeit der Gesamtkinematik
$v_{x,i}$		Maß für die Manipulierbarkeit der einzelnen Gelenke i
x,y,z	m	Koordinatenrichtungen eines Koordinatensystems

Vektoren und Matrizen

Formel- zeichen	Einheit	Bedeutung
$\mathbf{A}$		Matrix der Kraftübertragung am Gelenk
$^{i,j}\mathbf{D}$		Homogene Tranformationsmatrix für den Übergang des Koordinatensystems i nach j
$\mathbf{E}$		Einheitsmatrix
$\mathbf{e}$		Einheitsvektor eines Koordinatensystems
$\mathbf{F}_i$	N	Vektor der Gelenkkraft an der Achse i
$\mathbf{G}$		Matrix der Deformation für Eigengewicht
$\mathbf{h}$		Rückführungsmatrix für Beobachter
$\mathbf{H}$		Vektor zur Ansteuerung des Nullraum
$\mathbf{J}$		Jacobimatrix
$\mathbf{J}_N$		Nullraum der Jakobimatrix
$\mathbf{J}_Q^+$		Verallgemeinerte Inverse der Jacobimatrix
$\mathbf{M}$	N/m	Momentenvektor
$\mathbf{M}$		Matrix der Deformation für Kraftübertragung
$\mathbf{p}$		Quarternion zur Darstellung der Orientierung eines Punktes im Raum
$\mathbf{P}[i]$		Koordinaten des Bahnpunktes i
$\mathbf{Q}$		Diagonalmatrix zur Gewichtung der verallgemeinerten Inversen
Θ	rad	Vektor der Achswinkel des Manipulators
$\mathbf{R}$		Jacobimatrix der Adaption
$^i\mathbf{r}_{k,j}$	m	Verschiebeoperator des Koordinatensystems k nach j im System i
$\mathbf{S}$	m	Verschiebevektor der Bahnkorrektur (shift)
$^{i,j}\mathbf{T}$		Drehung des Koordinatensystems i nach j
$\mathbf{W}$		Gewichtungsmatrix für die Manipulierbarkeit
$\mathbf{X}$	m	Position eines Punktes im Raum

Verwendete Indices:

Index	Bedeutung
dyn	Dynamischer Anteil
FO	Flugzeugbasis
g	Index für Schwerkraft
i,k,j	Indices für Gelenke und Koordinatensysteme
O	Manipulatorbasis
Q	Quotient als Qualitätsmaß
q	Index für die Bewertung des Ölvolumenstromes
Ref	Referenzsystem
ref	Bezugs-Koordinaten
SO	Sensorbasis
soll	Soll-Koordinaten
TCP	Tool Center Point
TEL	Index der Teleskopachse
t	Zeitindex
R	Index für die Reibkraft
r	Index für die Regelabweichung
max, min	Index für obere und untere Grenze

Vorzeichen und Operatoren:

Operator	Bedeutung
Δ	Differenz
∂	Partielle Ableitung eines Vektors
$\sum$	Summe
$\prod_{i=0}^{n}$	Produkt über die Indices i für i=0 bis i=n
$\tilde{u}$	Operator des Kreuzproduktes für den Vektor u
$\ddot{x}$	Operator der 2. zeitlichen Ableitung einer Position $\underline{x}$
$\hat{x}$	Geschätzte Größe einer Variablen $\underline{x}$
x'	Fehlerbehaftete Größe einer Variablen $\underline{x}$

det	Determinante einer Matrix
c	Cosinus eines Winkels
s	Sinus eines Winkels
MIN	Kleinster Wert aus einer Menge von Werten
MAX	Größter Wert aus einer Menge von Werten

Abkürzungen:

Abkürzung	Bedeutung
CNC	**C**omputer **N**umerical **C**ontroler (Rechnergestützte numerische Steuerung)
CSMA/CD	**C**arrier **S**ense **M**ultible **A**ccess / **C**ollision **D**etection (Übertragungsverfahren für serielle Bussysteme)
DDE	**D**ynamic **D**ata **E**xchange (dynamischer Austausch von Daten von 2 Programmen nach dem client-server-Prinzip)
DLL	**D**ynamic **L**ink **L**ibrary (Bibliothek. die erst zur Laufzeit gebunden wird, kann von mehreren Programmen gleichzeitig benutzt werden.)
DNC	**D**irect **N**umerical **C**ontrol (Schnittstelle einer Roboter-Steuerung zur direkten numerischen Ansteuerung)
DOF	**D**egrees **O**f **F**reedom (Freiheitsgrade des Systems)
DPM	**D**ual-**P**orted-**M**emory (Speicher mit zwei Zugriffsports)
EBK	**E**ntfernungsbildkamera
EMV	**E**lektromagnetische **V**erträglichkeit
HfH	**H**ochflexibles **H**andhabungssystem
IRC	**I**ndustrial **R**obot **C**ontrol
LAMA	**La**rge **Ma**nipulator
SPS	**S**peicherprogramierbare **S**teuerung
TCP	**T**ool **C**enter **P**oint (Mittelpunkt des Werkzeuges)

Begriffe:

Begriff	Bedeutung
shift	Verschiebung der Weltkoordinaten eines Bahnpunktes

1 Einleitung

1.1 Problemstellung

Die Automatisierungstechnik erschließt ständig neue Anwendungsgebiete, überschreitet den Bereich der industriellen Fertigung und wird nun auch in schwach strukturierter Umgebung eingesetzt. Einen speziellen Aufgabenbereich stellt die Außenwäsche von Großraumflugzeugen dar. Durch die Automatisierung der Flugzeugwäsche sollen die Waschzeiten wesentlich verkürzt werden, ohne die flexible Gestaltung des Wartungsablaufs einzuschränken. Der Einsatz eines automatisierten, mobilen Systems soll die hohe körperliche Belastung des Personals bei der manuellen Flugzeugwäsche erheblich senken.

Ausgangspunkt für die Automatisierung stellt ein hochflexibles Handhabungssystem (HfH) [1.1] dar. Dieses mobile System soll das Flugzeug mit einer Waschbürste reinigen. Erste Waschversuche mit dem bereits entwickelten HfH, dem Großmanipulator FH 26 [1.2] am Flugzeug zeigten bereits die prinzipielle Eignung des Systems zur automatisierten Flugzeugwäsche. Eine Reihe von Vorteilen und Schwachstellen des Systems, die für die Flugzeugwäsche und ähnliche Aufgabenstellungen spezifisch sind, konnten aus diesen Versuchen abgeleitet werden. Die folgenden Faktoren sind entscheidend für den Einsatz eines HfH für die automatisierte Flugzeugwäsche.

- ☐ Um große Reichweiten realisieren zu können, bedarf es schlanker Kinematik-Strukturen. Redundante Kinematiken erlauben eine Vergrößerung des erreichbaren Arbeitsraumes. Dabei muß für die redundanten Freiheitsgrade eine Strategie gefunden werden, um diese den Anforderungen der jeweiligen Arbeitsaufgabe entsprechend zu steuern.

- ☐ Durch die Aufgabe, hohe Reichweiten bei großer Nutzlast und geringem Eigengewicht zu realisieren, kann ein redundanter Großmanipulator nicht so steif gebaut werden wie ein Industrieroboter [1.3]. Die Folge der geringen Steifigkeit sind große Deformationen der Struktur des Manipulators.

- ☐ Absolute Positionen im Arbeitsraum können, bedingt durch große Positionierungsfehler und die schwach strukturierte Umgebung, nur unpräzise angegeben werden.

- ☐ Die Referierung des Manipulators am Flugzeug ist bisher nur mit sehr großen Toleranzen realisierbar. Gleichfalls bewirken kleine Fehler in den Grundachsen des Manipulators an der Wascheinrichtung größere Abweichungen, was in der hohen Achsenanzahl und den großen Dimensionen begründet ist.

❑ Im Gegensatz zu industriell eingesetzten Manipulatoren und Robotern ist hier nicht eine hohe Steifigkeit das Optimierungsziel, sondern es wird ein hohes Reichweiten-Nutzlastverhältnis bei geringem Eigengewicht angestrebt.

❑ Die Eintauchtiefe der Waschbürste und ihre Position auf der Flugzeugoberfläche muß in engen Toleranzen gehalten werden, um eine gleichmäßige Waschwirkung zu gewährleisten.

❑ Die Programmierung des Manipulators vor Ort ist sehr aufwendig. Weiterhin ist bisher eine Reproduzierbarkeit des Waschergebnisses nicht gegeben.

Diese Faktoren erschweren eine Automatisierung der Flugzeugwäsche wesentlich. Während die mechanische Konstruktion des Manipulators für die Applikation hinreichend ist, werden in dieser Arbeit Verfahren entwickelt, die aus oben genannten Faktoren entstehende Toleranzen durch Erweiterung der Steuerungsfunktionen kompensieren.

1.2 Zielsetzung

Ziel dieser Arbeit ist die Entwicklung eines rechnergestützten Verfahrens mit dem eine automatisierte Flugzeugwäsche mit einem mobilen HfH wirtschaftlich durchgeführt werden kann. Eine wichtige Randbedingung ist hierbei, eine Lösung zu finden, mit der sich bei minimalen Kosten und minimalem Risiko ein zuverlässiges und hinreichend genaues Gesamtsystem realisieren läßt. Die automatisierte Flugzeugwäsche soll reproduzierbar und für den Bediener übersichtlich gestaltet werden. Das Flugzeug soll an jedem Ort des Flugfeldes gewaschen werden können, ohne auf weitere Infrastruktur angewiesen zu sein.

Die Waschprogramme sollen Off-Line-programmiert werden. Diese in einer Modellwelt erstellten Programme sollen in Bewegungsprogramme einer Steuerung umgesetzt werden, die an die realen geometrischen Verhältnisse vor Ort angepaßt sind. Die Kompensation der relativen Lage des Manipulators zum Flugzeug sowie die Kompensation von im voraus abschätzbaren oder berechenbaren Ungenauigkeiten, wie etwa der Manipulatordeformation, stellen wesentliche Entwicklungsschwerpunkte dar. Für Ungenauigkeiten, die erst während des Arbeitsprozesses erkannt werden oder quantifizierbar sind, soll ein Bahnkorrektursystem entwickelt werden, das räumlich verteilte Ungenauigkeiten mit sehr niedriger Dynamik kompensieren kann. Als Basismodul wird eine Überwachungseinheit entwickelt, die es erlaubt, den Zustand der Anlage zu rekonstruieren und vorgegebene Toleranzen nicht zu überschreiten. Diese Überwachungseinheit soll die Sicherheit des Gesamtsystems erhöhen und die Bedienbarkeit für den komplexen Prozeß der Flugzeugwäsche transparent machen. Mit diesen zu entwickelnden Komponenten soll eine qualitativ gute Wäsche zügig, sicher und hinreichend genau reproduziert werden können.

1.3 Vorgehensweise

Die gegenwärtige Situation bei der Flugzeugwäsche wird dargestellt und für bereits existierende Automatisierungsansätze wird ein Überblick gegeben. Ausgangspunkt der Entwicklungen ist ein HfH, für das der Stand der Technik aufgezeigt wird. Der aktuelle Stand der Steuerungstechnik für redundante Manipulatoren wird beschrieben und Toleranzausgleichsysteme, die für diese Anwendung interessant sind, analysiert. Aufgrund von bereits durchgeführten ersten Waschversuchen, lassen sich prinzipielle Anforderungen an das System ableiten.

Für die automatisierte Flugzeugwäsche mit einem HfH werden zunächst eine Konzeption des Waschablaufes erstellt und die wesentlichen Prozesse definiert. Die daraus resultierenden Randbedingungen dienen als Grundlage für einen Anforderungskatalog für die einzelnen Teilsysteme und die Steuerungsfunktionen des Gesamtsystems. Die Randbedingungen für die Programmierung des Systems werden festgelegt. Eine Analyse und Klassifizierung der zu erwartenden Ungenauigkeiten bilden die Grundlage für die Entwicklung der Verfahren zur Fehlerkompensation.

Schwerpunkte dieser Arbeit befassen sich mit der Entwicklung der notwendigen Kompensationen zum Ausgleich von Bahnabweichungen, die beim Einsatz eines Großmanipulators für die Flugzeugwäsche entstehen. Ausgangspunkt ist hier die formale Beschreibung der Manipulatorkinematik und ihres Umfeldes. Daraus wird die Bestimmung der relativen Lage des Manipulators zum Flugzeug, unter Berücksichtigung seiner Deformation abgeleitet. Die einflußreichen Parameter sollen dabei kalibriert werden können. Zur Transformation der absoluten Koordinaten der Off-Line-Programmierung auf die Koordinaten der relativen Lage des Manipulators zum Flugzeug wird ein Verfahren entwickelt, das die Ungenauigkeiten im gesamten Arbeitsraum minimiert.

Das Verfahren zur Bahnkorrektur, das in dieser Arbeit entwickelt wird, soll alle Fehlergrößen, die sich erst während des Arbeitsprozesses quantifizieren lassen, auf der Basis einer modellgestützten Systemüberwachung On-Line kompensieren. Auf Basis dieses Verfahrens und der Anforderungen wird ein Rechnersystem entworfen, das die nötigen Überwachungs- und Toleranzausgleichmodule bedient und die Schnittstellen zur gesamten Anlage zur Verfügung stellt.

Das Rechnersystem wird aufgebaut und das Zusammenwirken von Bedienprozeß, Bordrechner, Steuerung und Manipulator erläutert. Bei einem Test der Anlage werden die wesentlichen Kenngrößen der Verfahren ermittelt.

2 Ausgangssituation

2.1 Abgrenzung von Begriffen

Redundanter Manipulator

Ein Manipulator ist ein Gerät zur Übertragung der Bewegung der menschlichen Hand auf Gegenstände, die der unmittelbaren Handhabung nicht zugänglich sind [2.1]. Ein redundanter Manipulator hat zusätzliche Freiheitsgrade, die es erlauben, außer der Position und Orientierung eines Werkzeugs zusätzliche Eigenbewegungen durchzuführen. Im weiteren Sinne kann zwischen der Bewegung der menschlichen Hand und dem Gerät, der kinematischen Kette, auch ein Rechner installiert werden, der Koordinatentransformationen und Regelungsfunktionen durchführt. Ein redundanter Manipulator wird im Gegensatz zu einem Industrieroboter in der Regel nicht im Automatikmodus betrieben. Das Gerät wird von Hand geführt und kann dabei allerdings eine erhebliche Rechnerunterstützung bei der Planung von Bewegungen erfahren. In dieser Arbeit wird mit „redundanter Manipulator" die kinematische Struktur bezeichnet, ohne die steuerungstechnischen Komponenten.

Hochflexibles Handhabungssystem

Ein hochflexibles Handhabungssystem stellt eine Vereinigung zwischen einem sensorgeführten Industrieroboter und einem Manipulator dar. Eingeführt wird der Begriff in einer Studie für fortschrittliche Roboterkomponenten [2.2] und soll hier enger abgegrenzt werden.
Kennzeichnend für ein HfH ist der interaktive Betrieb. Der Bediener steht ständig in Interaktion mit dem hochflexiblen Handhabungssystem, das in der Regel in schwach strukturierten Räumen eingesetzt wird. Er stellt die oberste Sicherheitsinstanz für das System dar. Dadurch wird es möglich, daß sich im Arbeitsraum des HfH Personen befinden können. Der Bediener wird bei seiner Arbeit durch ein komplexes Steuerungssystem unterstützt, das sowohl die Aufgaben einer Robotersteuerung als auch Aufgaben der Arbeitsraumüberwachung und eines Fehlerkompensationssystems übernehmen muß.
In diesem speziellen Fall wird für die Flugzeugwäsche ein Handhabungssystem verwendet, das aus einer kinematischen Kette mit 11 Freiheitsgraden, einer Bewegungssteuerung und einem weiteren Rechner besteht, der für die Überwachung und Fehlerkompensation der Anlage zuständig ist. Das Gerät wird teilweise von Hand mit Rechnerunterstützung bewegt. Ein solches HfH wird auch als Großmanipulator bezeichnet.

Bordrechner

Ein Rechnersystem, das die integrierende Funktion der Bewegungssteuerung für ein hochflexibles Handhabungssystem übernimmt, wird in dieser Arbeit als Bordrechner bezeichnet.
Der Bordrechner übernimmt die Funktionen eines Zellenrechners aus der industriellen Fertigung, die Funktion des Leitsystems bei mobilen Systemen sowie Bedienfunktionen und eine
intelligente Sensordatenverarbeitung. Dieser Rechner ist auch für die geometrische Fehlerkompensation eines hochflexiblen Handhabungssystems in schwach strukturierter Umgebung
zuständig.

2.2 Situation bei der Flugzeugwäsche

Bisher werden Großraumflugzeuge hauptsächlich von Hand gewaschen. Die gesamte Oberfläche eines Flugzeuges wird mit Waschmittel vorbehandelt und dann mit Handschrubbern abge-
schrubbt. Zum Erreichen aller Punkte am Flugzeug werden mobile Arbeitsplattformen eingesetzt. Das Flugzeug wird mit klarem Wasser nachgespült. In Bild 2.1 ist eine manuelle Flugzeugwäsche dargestellt.

Bild 2.1:   Manuelle Flugzeugwäsche

Für die Wäsche eines Großraumflugzeuges wird eine Arbeitsgruppe mit ca 15 Personen eingesetzt, die 2 bis 3 Fahrzeuge und mobile Geräte im Einsatz hat. Eine komplette Wäsche für eine Boeing B747 dauert je nach Verschmutzungsgrad bis zu 18 Stunden. Günstig ist es, Großraumflugzeuge während der Nachtstunden zu waschen, da aufgrund der Nachtflugregelung hier die Flugzeuge einige Stunden zur Verfügung stehen. Soll eine komplette Wäsche durchgeführt werden, ist dies nur möglich, wenn das Flugzeug längere Zeit zur Verfügung steht.

Bei der Deutschen Lufthansa (DLH) in Frankfurt wird seit einigen Jahren ein Manipulator als Hilfsmittel zur Wäsche eingesetzt, um die Unterseite von Großraumflugzeugen zu waschen. Dieser Manipulator, der in Bild 2.2 dargestellt ist, hat ein lenkbares Fahrwerk und einen Ausleger mit einer Reichweite von ca. 6 m. Dieses Gerät wurde für Flugzeugtypen konzipiert, die einen langgestreckten Rumpf mit geringer Höhe aufweisen. Eine Adaptionseinrichtung an der Waschbürste führt die Bürste der Oberfläche nach. Der Vorschub wird durch das Bewegen des Basisfahrzeuges realisiert. Durch die begrenzte Reichweite kann nur die Unterseite von Großraumflugzeugen gewaschen werden. Die Flugzeugtypen mit „Zigarrenrumpf" besitzen im Flugbetrieb nur noch eine geringe Bedeutung. Durch die mechanische Bürste entlastet dieser ausschließlich von Hand geführte Manipulator die Waschmannschaft erheblich, da die Unterseite in der Regel den größten Verschmutzungsgrad aufweist.

Bild 2.2:   Flugzeugwäsche mit einfachem Manipulator „Dino"

Der Bediener muß eine hohe Qualifikation und Erfahrung besitzen, um ein solches Gerät optimal einsetzen zu können. Bedingt durch die geringe Reichweite ist es nicht möglich, die Oberseite von modernen Großraumflugzeugen zu waschen. Ein weiterer wesentlicher Nachteil des Systems ist die hohe Störanfälligkeit der Komponenten des Gerätes und relativ häufige Schadensfälle durch Beschädigung des Flugzeuges.

In Japan existiert eine stationäre Anlage zum Waschen von Großraumflugzeugen. Eine Portalkonstruktion, ähnlich aufgebaut wie eine Autowaschstraße, mit zahlreichen Einzelbürsten wird eingesetzt, um unterschiedliche Großraumflugzeuge vollständig automatisch zu waschen. Das Flugzeug wird in die Anlage geschleppt und steht während der gesamten Waschzeit für Wartungsarbeiten nicht zur Verfügung. Der Aufbau der Anlage ist bedingt durch die vielen Einzelbürsten sehr aufwendig. Die Steuerung und die damit verbundenen Installationen bestehen aus sehr vielen Komponenten, was die gesamte Anlage sehr störungsanfällig macht. Die Programmierung ist nur durch „Teach In" in der Anlage zu realisieren. Es stehen aufgrund der baulichen Gegebenheiten lediglich für wenige Flugzeugtypen Programme zur Verfügung. Für die Programmierung weiterer Flugzeugtypen muß die Anlage modifiziert werden und der reine Programmierprozeß nimmt für ein Flugzeug wie den Airbus A340 ca. 3 Monate in Anspruch. Die Gefahr, das Flugzeug während der Programmierphase zu beschädigen, ist sehr hoch.

Bild 2.3:   Japanische Anlage zur automatischen Flugzeugwäsche

Die vorgestellten Ansätze besitzen entweder einen geringen Automatisierungsgrad oder verursachen eine sehr hohe Kapitalbindung bei geringer Flexibilität. Es muß bei diesen Lösungen sehr viel Personal vorgehalten werden. Die Durchführung der Wäsche ist an die Halle oder das Waschportal gebunden. Es existiert bisher keine flexible wirtschaftliche Lösung, die es erlaubt, bei minimalem Personal- und Kapitaleinsatz an jeder Stelle des Flugfeldes zu waschen.

2.3 Stand der Technik

2.3.1 Hochflexible Handhabungssysteme

Zur automatisierten Flugzeugwäsche wird das FH 26 (Flexibles Handhabungssystem mit 26m Reichhöhe) als Basis gewählt. Dieses System wurde als Versuchsträger für unterschiedliche Applikationen im Rahmen eines Forschungsvorhabens „Hochflexible Handhabungssysteme" HfH konzipiert und entwickelt [2.3]. Es setzt auf einem serienmäßigen LKW-Fahrgestell mit autonomer Energieversorgung auf. Zur Steuerung des Systems wird eine Robotersteuerung und eine redundant ausgeführte analoge Manipulatorsteuerung eingesetzt. Das System kann entweder als Roboter oder als Manipulator betrieben werden. In Bild 2.4 ist der Versuchsträger FH 26 abgebildet.

Bild 2.4:   Hochflexibles Handhabungssystem (Versuchsträger FH 26)

Auf dem Forschungsvorhaben HfH basieren folgende Anwendungen, wobei ein redundanter Manipulator durch spezielle Steuerungskomponenten erweitert wird. Es sind Applikationen, wie das Verteilen von Beton (M44-AMC [2.4]) zum Sanieren von Stahlbeton mit Hochdruckwasser (EMIR [2.5]) oder das Entlacken von Schiffen mit einem Strahlsystem auf Basis des FH 26. Durch den Einsatz redundanter Manipulatoren kann der Arbeitsraum wesentlich vergrößert werden. Voraussetzung hierfür ist, daß Objekte im Arbeitsraum umfahren werden können. Gleichzeitig können Bewegungen optimiert, und die im Arbeitsraum zu überstreichenden Flächen minimiert werden. Es besteht die Möglichkeit, einen Manipulator für einen gegebenen Arbeitsraum zu konzipieren und nicht umgekehrt, einen Arbeitsraum um den Roboter herumzubauen. Ein System zur Handhabung von Werkstücken an Umformungsmaschinen, das FH 20 wurde im Rahmen des ESPRIT II Projektes LAMA (**L**arge **M**anipulator for CIM) [2.6] [2.7] entwickelt. Dieses Gerät ist stationär aufgebaut und besitzt eine ähnliche Steuerungstruktur wie das FH 26. Hierbei wurde der Versuch unternommen, einen redundanten Großmanipulator in eine Fertigungsumgebung einzubinden und die notwendigen steuerungstechnischen Erweiterungen zu realisieren.

Das FH 26 eignet sich aufgrund seiner Mobilität, der großen Reichweite und hohen Nutzlast, zum Einsatz für die automatisierte Flugzeugwäsche. Alle hier vorgestellten Geräte können am Flugzeug nicht exakt positioniert werden. Toleranzausgleichsysteme, die reproduzierbare Waschergebnisse erlauben, sind bei diesen Geräten nicht vorhanden. Weiterhin stellt die Programmierung bei allen vorgestellen Typen ein noch ungelöstes Problem dar.

Es gibt eine Reihe weiterer Systeme, die ähnliche Merkmale wie das FH 26 aufweisen. Die Beschreibung dieser Geräte sind in einem Katalog zusammengefaßt [2.8]. Alle diese Geräte haben in der Regel eine für den speziellen Anwendungsfall ausgelegte Kinematik und eine speziell für die Arbeitsaufgabe und die Kinematik zugeschnittene Steuerung. Folglich bildet das FH 26 eine gute Ausgangsposition, das seine Schwächen im steuerungstechnischen Bereich zeigt. Daher soll der Stand der Technik bei Steuerungen und Prozeßrechnern allgemein weiter vertieft werden.

2.3.2 Geometrieverarbeitung für hochflexible Handhabungssysteme

Die Geometrieverarbeitung für Roboter gliedert sich in drei wesentliche Aufgaben. Dies sind die Bahnplanung, die Vorwärtstransformation und die Rückwärtstransformation. Für konventionelle Industrieroboter werden diese Aufgaben von verfügbaren Steuerungen abgedeckt. Ein hochflexibles Handhabungssystem, das auf einem redundanten Manipulator aufgebaut ist, besitzt zusätzlich die Aufgabe der Telemanipulation.

Die Bahnplanung erzeugt aus vorgegebenen Raumpunkten eine Trajektorie, der das Werkzeug eines Roboters mit seinem Mittelpunkt, dem TCP (Tool Center Point), folgt. Die Trajektorie legt sowohl die Position, als auch die Orientierung des Werkzeuges fest. Auf dieser Trajektorie werden zeitdiskret einzelne Punkte interpoliert, die für die Bahngeschwindigkeit des Roboters meist ein Trapezprofil erzeugen [2.9]. Die Generierung der Trajektorie berücksichtigt in der Regel keine Begrenzung der Antriebsleistung in speziellen Konfigurationen. Eine energie- und zeitoptimale Bewegung durchzuführen, kann von einer Robotersteuerung nicht geleistet werden.

Die Vorwärtstransformation berechnet aus den geometrischen Abmessungen des Manipulators und der momentanen Stellung der Achsen die Position des Werkzeuges in karthesischen Koordinaten. Berücksichtigt werden in der Regel die Armlängen und Versätze des Roboters zur Berechnung der TCP-Position. Die Vorwärtstransformation von deformierten, kinematischen Ketten übersteigt die Möglichkeiten von konventionellen Steuerungen. Für diese Transformation muß ein Verfahren und das zugehörige Rechnersystem neu entwickelt werden.

Die Rückwärtstransformation berechnet aus den kartesischen Koordinaten des Werkzeuges und den geometrischen Abmessungen des Manipulators die Stellung der Achsen. Diese Rückwärtstransformation kann diskret nur für wenige kinematische Konstellationen explizit gelöst werden [2.10]. Im industriellen Bereich verwendete Roboter besitzen explizit lösbare Rückwärtstransformationen, man spricht von SCARA-, Knickarm-, Teleskoparm-Kinematik mit Zentral-, Winkel- und Doppel-Winkelhand. Es existieren meist mehrere Lösungen der Rückwärtstransformation, wobei in der Praxis oft diejenige Lösung verwendet wird, welche die geringsten Winkeldifferenzen zur aktuellen Konfiguration aufweist. Verfügbare Robotersteuerungen besitzen Module, mit deren Hilfe eine spezielle Lösung ausgewählt werden kann, die unterschiedliche Zusatzbedingungen berücksichtigt.

Bei redundanten Manipulatoren besitzt die Rückwärtstransformation einen sogenannten „Nullraum". Der Nullraum bildet einen ein- oder mehrdimensionalen Raum, worin der Manipulator Eigenbewegungen durchführen kann, ohne den TCP zu verschieben. Aus der diskreten Lösungsvielfalt für eine bestimmte Kinematik wird bei einer redundanten Kinematik ein Lösungsraum mit mehreren Dimensionen. Zur Lösung der Rückwärtstransformation bei redundanten Manipulatoren gibt es sehr viele verschiedene Lösungsansätze [2.11] [2.12] [2.13]. Sie unterscheiden sich hauptsächlich in der Verwendung des Nullraums. Er kann dazu verwendet werden, den Arbeitsraum des Manipulators zu erweitern [2.14], eine Kollisionsvermeidung durchzuführen [2.15] [2.16] [2.17], singuläre Stellungen zu vermeiden [2.18] oder eine dynamische Optimierung durchzuführen [2.19] [2.20] [2.21].

Großmanipulatoren besitzen weiterhin die Eigenschaft, daß die Steifigkeit der Arme gering ist. Steife Armkonstruktionen würden ein zu hohes Eigengewicht des Manipulatorarms bewirken, und somit ein sehr ungünstiges Eigengewicht- zu Nutzlastverhältnis nach sich ziehen.

Nur durch schlanke, weniger steife Konstruktionen ist es möglich, wirtschaftliche und ener-getisch günstige Lösungen für Handhabungsaufgaben in größeren Räumen zu finden. Die Positioniergenauigkeit eines Großmanipulators hängt daher mehr von der Deformation und räumlichen Maßtoleranzen ab als bei Industrierobotern. Daher kann die Kalibrierung eines Großmanipulators, bedingt durch die Deformation und die verfügbare Meßtechnik für Arbeitsräume mit über 40 m Durchmesser, nicht von der Kalibrierung eines Industrieroboters abgeleitet werden. Andere Faktoren, die die Genauigkeit des Systems betreffen, wie das Aufstellen in schwach strukturierter Umgebung und die hohe Elastizität der Kinematik, gewinnen an Bedeutung. Es stellt sich daher im Arbeitsraum, aufgrund der Dimensionen und der Redundanz der Kinematik, ein völlig neues Kalibrierungsproblem.

2.3.3 Toleranzausgleichsysteme

Für die automatisierte Flugzeugwäsche sind Toleranzausgleichsysteme erforderlich, die in der Lage sind, Ungenauigkeiten von über 0,5 m in einem Arbeitsraum mit etwa 30 m Durchmesser zu kompensieren. Dabei können mehrere Stufen von Toleranzausgleichsystemen überlagert werden. Die erste Stufe der Fehlerkompensation ist in der Regel die Kalibrierung des Handhabungsgerätes oder des gesamten Systems. Bei vielen Systemen wird als zweiter Schritt die Bestimmung der relativen Lage von Werkzeug zum Werkstück erforderlich. Schließlich müssen Toleranzen oder Ungenauigkeiten beim unmittelbaren Kontakt ausgeglichen werden.

Toleranzausgleichsysteme werden in der Montagetechnik angewendet. Unterschieden werden aktive und passive Systeme. Passive Systeme werden häufig bei Fügeproblemen angewandt, wobei von wohl definierten Randbedingungen ausgegangen wird. Aktive Systeme finden bei Greifproblemen Anwendung [2.22].

Die Tabelle 2.1 stellt eine repräsentative Übersicht von in der Praxis verwendeter Toleranzausgleichsysteme dar.

Bereich	regelbare Freiheits-grade	Anforderung Genauigkeit	Ausgleichbare Toleranz und Arbeitsraum	Toleranzaus-gleichsystem	zusätzliche Sensorik
Montage	2÷6	sehr hoch < 0,001m	<0,03 m <5 m	passiv: Vibration aktiv: Bildverarb.	Kraftsensor Kamera
Greifen	3÷6	sehr hoch < 0,005m	<0,05 m <5 m	taktil Bildverarb.	Kraftsensor Kontaktsensor Kamera, Laser
Autonome Flurför-derfahrzeuge	2÷3	hoch < 0,1m	<10 m < 300 m	Koppelnavigation	Kreisel, US, Leitkabel, Laser
Binnenschiffahrt	1÷3	gering < 5m	<100 m < 10000 m	Leitkabelführung Radarbildauswertung Satellitennavigation	Radar, GPS, Kreisel, Leitkabel
Mauerroboter	6	hoch < 0,01	<1 m < 50 m	Geodätisch, Toleranzmessung	Lichtschranken, Laser mit Landmarken
Kanal-Sanierung	6	hoch < 0,01m	<0,1 m <5 m	Teachen Bedienerkorrektur	Kamerasystem Tastsensoren

Tabelle 2.1:   Repräsentative Übersicht von Toleranzausgleichsystemen

Aus der Tabelle wird ersichtlich, daß nur wenige Verfahren, wie z. B. bei dem Mauerroboter [2.23], Toleranzen von über 0,5 m in 6 Freiheitsgraden ausgleichen können. Die bei der automatisierten Flugzeugwäsche gegebenen Massen und die entstehenden Reaktionskräfte schliessen passive Systeme aus. Ein Verfahren, das Landmarken benutzt, erfordert einen sehr hohen Aufwand und ist fehleranfällig und daher wenig für diese Anwendung geeignet.

Ein System zur Sanierung von gemauerten Abwasserkanälen (SAN1 [2.24]) besitzt ein Toleranzausgleichsystem, das auf manueller Übersteuerung beruht. Der Bediener wird aktiv in den Arbeitsprozeß einbezogen und muß ständig die aktuelle Bahn des Werkzeuges übersteuern. Bei höheren Bahngeschwindigkeiten ist eine derartige Korrektur nicht mehr möglich. Die Gefahr, einen Schaden zu verursachen, wird damit wesentlich erhöht.

Ein weiterer wichtiger Bereich für den Einsatz von Fehlerausgleichsystemen sind Flurförderfahrzeuge oder ähnliche mobile Systeme. Hier werden Navigationssysteme eingesetzt und Referenzstellen geschaffen. Verbreitet sind auch Verfahren, die eine ebene Umgebungsverarbeitung durchführen. Diese Lagebestimmung begrenzt sich in der Regel auf 3 Freiheitsgrade. Aktive Toleranzausgleichsysteme, die auf geodätischen Meßverfahren beruhen, liefern in großen Arbeitsräumen (10 ÷ 100m Kantenlänge) die höchste Meßgenauigkeit. Einstufige Toleranzausgleichsysteme, die auf dem Prinzip der Folgeregelung aufbauen, neigen entweder zum Nacheilen oder zum Überschwingen. Keines der hier aufgeführten Verfahren kann direkt für die automatisierte Flugzeugwäsche übernommen werden.

2.3.4 Steuerungstechnik für hochflexible Handhabungssysteme

Die Steuerungstechnik von hochflexiblen Handhabungssystemen verbindet die beiden gegensätzlichen Systeme, Manipulatoren und Industrieroboter. Es werden Komponenten aus Industriesteuerung und Telemanipulation zusammengeführt. Die Antriebsregelung bei Industrierobotern ist weit fortgeschritten und kann auf hydraulische Antriebe, wie sie beim FH 26 eingesetzt sind, übertragen werden. Robotersteuerungen sind meist auf die Ansteuerung von 6 Achsen ausgelegt. Die neueste Generation von Steuerungen kann bereits 12 oder 16 Achsen steuern. Die Geometrieverarbeitung einer Robotersteuerung ist für Standardkinematiken ausgelegt, wie sie bei Industrierobotern üblich sind. In den achtziger Jahren beschäftigten sich viele Arbeiten mit der Geometrieverarbeitung für Industrieroboter. Eine fortgeschrittene Geometrieverarbeitung für redundante Manipulatoren ist allerdings nur mit großen Einschränkungen verfügbar. Es existiert keine geeignete Programmierschnittstelle, Toleranzausgleichsysteme in 6-Freiheitsgraden sind nicht verfügbar und die Reproduzierbarkeit einer Bewegung ist nicht gegeben.

Die im FH 26 eingesetzte Robotersteuerung kann die Bewegungssteuerung und Antriebsregelung für einen redundanten Manipulator leisten [2.25]. Diese Steuerung besitzt eine Vor- und Rückwärtstransformation für redundante Manipulatoren sowie die Möglichkeit der Telemanipulation. Mit dieser Steuerung alleine ist es allerdings nicht möglich, reproduzierbare Ergebnisse zu erhalten. Toleranzausgleichsysteme und die Deformationskompensation des Manipulators überfordern die Rechenleistung der Robotersteuerung. Fast alle industriell eingesetzten Steuerungen sind für zyklische Prozesse mit festen Randbedingungen konzipiert. Die Fähigkeit in schwach strukturierter Umgebung ohne Stillstand zu arbeiten fehlt diesen Steuerungen.

Eine Übersicht der für diese Anwendung in Frage kommenden Steuerungstechniken ist in Tabelle 2.2 dargestellt.

Steuerung	Funktionen	Leistung	Entwicklungs-aufwand	Schnittstellen	Regelung hydraulischer Antriebe	Bahninterpolation für redundante Manipulatoren	Zuverläs-sigkeit
IRC	ausr	mittel-hoch	mittel	DNC,Feldbus	nein	nein	hoch
CNC	nicht ausr	hoch	hoch	DNC Feldbus	ja	nein	hoch
SPS	nicht ausr	gering	hoch	DNC	nein	nein	hoch
Experimental Steuerung	alle benötigten	skalierbar gering -hoch	sehr hoch	DNC, Feldbus	ja optimiert	ja	mittel
Bordrechner mit IRC	alle benötigten	skalierbar ausreichend	gering	DNC, Feldbus, Ethernet	ja	ja	sehr hoch

Tabelle 2.2:   Eignungsprofil unterschiedlicher Steuerungstechniken

Bei einigen Forschungsvorhaben wurde der Versuch unternommen, eine modulare Steuerung zu entwickeln, die allen erdenklichen Anforderungen gerecht wird. Eine derartige Steuerung wird hier als Experimental-Steuerung bezeichnet. Ein Beispiel hierfür ist die Steuerung des Mauerroboters [2.26]. In der Praxis gestaltet sich die Integration einer Experimental-Steuerung allerdings als sehr schwierig und fehleranfällig.

2.3.5 Prozeßrechnertechnik zur Steuerung und Überwachung von Manipulatoren

Die Steuerung und Überwachung eines komplexen Gesamtsystems erfordert mehr als eine reine Bewegungssteuerung. Die Funktionalitäten von Zellrechnern bei Fertigungssteuerungen sowie von Meßdatenerfassungseinheiten und Kommunikationssysteme müssen integriert werden.

Es gibt zwei Tendenzen bei der Gestaltung der Steuerungstopologie für komplexe Systeme: Ein zentralisierter Ansatz mit einem leistungsfähigen Zentralrechner und ein dezentraler Ansatz mit mehreren verteilten aufgabenspezifischen Einzelsystemen. Die Grundfunktionen bilden die Datenverwaltung, Sicherheitssysteme und die Kommunikation mit anderen Einheiten.

Grundsätzlich benötigen industriell eingesetzte Rechner einen höheren Schutz gegen Staub, Feuchte und EMV als Rechner im Bürobereich, da dort rauhere Umgebungsbedingungen herrschen. Besonders beim Einsatz in Fahrzeugen außerhalb von Gebäuden spielen die Schockfestigkeit und der Schutz gegen Feuchte eine entscheidende Rolle. Die industrielle Installationstechnik eignet sich kaum für den Einsatz in mobilen Fahrzeugen. Durch den begrenzten Raum ist keine übersichtliche Anordnung der Komponenten möglich. Eine zentralisierte Steuerung erfordert im Fahrzeug einen sehr hohen Installationsaufwand. Neuere Ansätze verwenden meist dezentrale Konzepte [2.27]. Die Verwendung eines Feldbusses zur Kommunikation der Steuerungskomponenten mit Sensoren und Aktoren reduziert den Installationsaufwand erheblich [2.28] und steigert gleichzeitig die Zuverlässigkeit des Systems.

Ein wesentlicher Aspekt ist auch das verwendete Betriebssystem für steuerungstechnische Anwendungen unter Echtzeitbedingungen. In Tabelle 2.3 werden vier wesentliche Arten von Betriebssystemen bezüglich ihrer Reaktionszeit klassifiziert.

System	Vertreter	Reaktionszeit
Singeltaskingsystem (Batchbetrieb)	DOS	5 s (je nach Programmdauer)
Multitaskingsystem	Windows,OS2, UNIX,Solaris	50 ms nicht garantiert
Echtzeitsystem	OS9,PSOS+,VRTX,LYNOX	500 µs garantiert (Task switch)
Interruptsteuerung,polling	run time system	5 µs garantiert

Tabelle 2.3:   Reaktionszeiten von Betriebssystemen

Umgekehrt kann eine Klassifizierung von Einplanungszeiten einzelner Prozesse aufgestellt werden. Die Tabelle 2.4 ordnet den geforderten Reaktionszeiten von Prozessen jeweils ein geeignetes Betriebssystem zu:

Einplanungszeit von Tasks	Geeignetes Betriebssystem
> 50 s	Singeltasking-System im Batchbetrieb (Keine parallele Abarbeitung von Prozessen möglich)
> 500 ms	Multitasking-System ohne Echtzeiteigenschaften
< 500 ms	Echtzeitbetriebssystem niedrige Priorität
< 100 ms	Echtzeitbetriebssystem hohe Priorität und Interrupthandler
< 20 ms	Dezentrale Prozesse mit Polling oder Interruptsteuerung

Tabelle 2.4:   Geeignete Zykluszeiten bei Verwendung bestimmter Betriebssysteme

Diese 5 Gruppen von Reaktionszeiten sind für Prozeßrechner in Bewegungssteuerungen charakteristisch und können auf mehrere Prozessoren verteilt werden, um die Gesamtleistung des Rechnersystems zu steigern.

2.3.6 Mensch-Maschine-Schnittstelle für Manipulatoren

Die Bedienung des Manipulators unterscheidet sich grundsätzlich von der eines Industrieroboters. Artverwandt ist die Handhabung in der Telemanipulation [2.29]. Die direkte Interaktion von Bediener und Manipulator ist gefordert. Der Bediener stellt die oberste Überwachungsinstanz für den Manipulator dar und er hat letztlich die Verantwortung für die Bewegung des Manipulators. Aus Sicherheitsgründen darf der Manipulator nur über einen Totmannschalter bewegt werden.

Eine weitere wichtige Gruppe von Manipulatoren bilden die Master-Slave Manipulatoren, die die Bewegung des Menschen direkt umsetzen. Vordefinierte und transformierte Bewegungen sind dabei nicht möglich.

3 Anforderungen und Ziele

3.1 Entwicklungsschwerpunkte

Die Flugzeugwäsche stellt einen Einsatzfall für einen mobilen Großroboter in schwach strukturierter Umgebung dar. Die Bewegungssteuerung gewährleistet ein koordiniertes Verfahren der Kinematik. Zusätzlich zur Bewegungssteuerung soll ein weiteres Rechnersystem, der Bordrechner, geschaffen werden, das folgende wesentliche Aufgaben übernimmt:

- ❑ Die Verwaltung und Aufbereitung der Waschprogramme für die Bewegungssteuerung.

- ❑ Ein Überwachungssystem zur Erhöhung des Sicherheitsstandards der gesamten Anlage.

- ❑ Das Bedienen der Anlage und die Visualisierung des Prozesses.

- ❑ Ein System zur Kompensation von Ungenauigkeiten im Arbeitsraum, die bei Großmanipulatoren auftreten.

Die ersten drei Punkte bilden die Grundlage für die Kompensation von Ungenauigkeiten. Diese Punkte werden bei der Realisierung des Bordrechners berücksichtigt. Der vierte Punkt, die Kompensation von Ungenauigkeiten, bildet den Entwicklungsschwerpunkt dieser Arbeit. Dieser wird wiederum in drei Bereiche gegliedert, für die ein rechnergestütztes Verfahren zur Fehlerkompensation und Bahnkorrektur entwickelt werden muß. Diese drei Bereiche werden wie folgt abgegrenzt:

- ❑ Kalibrierbares, elastisches Manipulatormodell zur genauen Beschreibung der Kinematik. Dieses Modell muß die geringe Steifigkeit der Arme berücksichtigen.

- ❑ Aufstellungsortabhängige Kompensation der relativen Lage von Manipulator zum Flugzeug unter Berücksichtigung der Deformation von Manipulator und Flugzeug, basierend auf kalibrierten Daten.

- ❑ On-Line Bahnkorrektursystem zum Ausgleich von quasistatischen Regelfehlern und nicht im voraus quantifizierbaren Ungenauigkeiten, wie Abweichungen in der Flugzeuggeometrie vom Modell.

Das System zur mobilen automatisierten Flugzeugwäsche kann nur als Gesamtsystem betrachtet werden [3.1] [3.2]. Die drei Entwicklungsschwerpunkte und der Anforderungskatalog für das Gesamtsystem müssen eine Einheit bilden.

3.2 Allgemeine Anforderungen der Wäsche an das System

Die wichtigsten Anforderungen, die an eine automatisierte Flugzeugwäsche gestellt werden, sind in der folgenden Auflistung zusammengefaßt:

❏ Das Waschergebnis muß mit der einer Handwäsche vergleichbar sein oder diese sogar übertreffen. Gefordert wird eine streifenfreie Wäsche.

❏ Die Waschzeit sollte gegenüber der Handwäsche deutlich verkürzt werden.

❏ Verfahrenstechnisch ist es günstig, das Flugzeug von unten nach oben zu waschen, wobei die einzelnen Waschbahnen eine Mindestüberdeckung aufweisen sollten.

❏ Die automatisch gewaschene Fläche soll möglichst groß sein. Empfindliche Bauteile wie einige Sensoren und Antennen sind von der automatischen Wäsche auszuschließen.

❏ Die Wäsche wird mit aggressiven Reinigungsmitteln durchgeführt, die nicht ins Grundwasser gelangen dürfen.

Diese Anforderungen betreffen im wesentlichen die Wascheinrichtung oder die Programmierung des Systems. Da die Wascheinrichtung als zylindrische Waschbürste realisiert wird, kann ausgehend von diesen Voraussetzungen auf Anforderungen an das Fehlerkompensations- und Bahnkorrektursystem geschlossen werden.

Eine optimales Waschergebnis wird bei einer gleichmäßigen Eintauchtiefe der Borsten von 5 cm erreicht. Die Bürste muß dabei in der Lage sein, Oberflächenkrümmungen zu kompensieren. Alle Teile, die die Flugzeugoberfläche verletzen können, müssen selbst in Notsituationen ausreichend Abstand zur Oberfläche des Flugzeuges besitzen. Das bedeutet, daß der Bremsweg des Bürstenkerns kleiner als die Borstenlänge sein muß. Ein maximaler Orientierungsfehler von 3 ° kann in Kauf genommen werden.

Die Wascheinrichtung muß in der Lage sein, dynamische Fehler des TCP's durch Adaption auszugleichen, um ein gleichmäßiges Eintauchen der Waschbürste zu gewährleisten. Zur Steuerung der Eintauchtiefe über die gesamte Bürstenlänge müssen geeignete Sensoren vorgehalten werden. Die Adaptionsgeschwindigkeit sollte etwa der Bahngeschwindigkeit entsprechen. Die Drehzahl der Bürste muß konstant gehalten werden, um eine gleichmäßige Waschwirkung der Borsten zu erhalten. Wird ein Mindestabstand der Bürste zur Flugzeugoberfläche unterschritten, muß ein Signal gesendet oder ein Not-Stop ausgelöst werden.

3.3 Anforderungen an die Steuerungstechnik

3.3.1 Anforderungen an die Bewegungssteuerung

Die Flugzeugwäsche stellt sehr hohe Anforderungen an die Steuerungstechnik. Unkontrollierte Bewegungen müssen weitgehend vermieden werden. Die Waschbürste oder der Manipulator darf keinesfalls die Oberfläche des Flugzeuges verletzen. Unbedingte Voraussetzung hierfür ist eine präzise Achsregelung der Gelenke und ein zuverlässiges Führen des Manipulators in karthesischen Koordinaten. Die Bewegungsdaten müssen jederzeit nach außen transparent sein, um das Verhalten kontrollierbar zu machen. Die räumliche Orientierung des Manipulators im Arbeitsraum kann bereits während der Vorbereitungsphase durchgeführt werden. Die Steuerung bewegt sich dadurch in einem definierten Arbeitsraum. Alle Korrekturen, die von außen kommen, müssen protokolliert werden, um einem Ablauf nachvollziehen zu können als Grundvoraussetzung für einen hohen Sicherheitsstandard. Das Führen der Wascheinrichtung ist eine weitere sicherheitsrelevante Aufgabe der Steuerung. In einem gewissen geometrischen Fenster sollen die Eintauchtiefen der Bürstensegmente konstant gehalten werden. Unbedingt erforderlich ist eine restriktive Grenzwertüberwachung, wobei kinematische Größen auf definierte Toleranzen beschränkt werden. Jedes Erreichen einer sicherheitsrelevanten Grenze muß den Stop der Anlage zur Folge haben. Die Erfassung des realen Arbeitsraums und die Korrektur der Definitionen ist Aufgabe des Bordrechners.

3.3.2 Anforderungen an die Sensorik

Von entscheidender Bedeutung ist die Sensorik zur Bestimmung der relativen Lage des Manipulators zum Flugzeug. Hier kommen mehrere Verfahren in Frage, entscheidend für die Auswahl des geeigneten Systems sind die folgenden Anforderungen.

Anforderung	Beschreibung
Genauigkeit <0.05 m Meßzeit <3 min	Die Bestimmung der relativen Lage des Manipulators zum Flugzeug sollte genau und schnell erfolgen.
Fehlerverarbeitung	Aufgrund der Ungenauigkeiten des Flugzeuges selbst muß das Meßverfahren in der Lage sein, bereits eine Fehlerrechnung durchzuführen. Es muß ausgeschlossen werden, daß grobe Fehlmessungen entstehen.
Aufwand	Um eine hohe Meßgüte zu erzielen, sollte außerdem der Aufwand für die Messung sehr klein gehalten werden. Die Forderung ist eine Messung auf Knopfdruck.
Sicherheit	Insgesamt gilt für die Sensorik ein hohes Maß an Sicherheit, woraus eine möglichst geringe Anzahl von zuverlässigen präzisen Sensoren folgt. Der Ausfall eines Sensorsignals muß erkannt werden.

Tabelle 3.1:   Anforderung an die Sensorik

Für die übrige Sensorik des Systems gelten prinzipiell dieselben Anforderungen. Die sensorische Ausstattung des FH 26 genügt den Anforderungen bezüglich der Genauigkeit und Schutzklassen.

3.3.3 Anforderungen an den Bordrechner

Der Bordrechner hat die Aufgabe, unterschiedliche Systeme zu verknüpfen. Benötigt wird eine echtzeitfähige Prozeßdatenerfassung sowie eine Kommunikationsschnittstelle zur Bewegungssteuerung. Die Sicherheit des Gesamtsystems ist ein bedeutender Faktor bei der Konzeption des Bordrechners. Alle wesentlichen steuerungstechnischen Überwachungsfunktionen sollten auf dem Bordrechner redundant ausgeführt sein.

Die auf dem Bordrechner benötigte Leistung hängt fast ausschließlich von den nötigen Algorithmen ab. Die Leistung steht im Verhältnis zu den Bewegungsgeschwindigkeiten des Manipulators und der Leistung der Datenübertragungseinrichtungen. Eine gewisse Grundlast des Bordrechners stellt die Bedienung der Schnittstellen dar, die abhängig von der zu übertragenden Datenmenge und den geforderten Reaktionszeiten ist. Die erforderliche Rechenleistung des Bordrechners muß daher auf die Anforderungen der Algorithmen angepaßt werden können.

Die Speichergröße muß für die Waschprogramme ausreichend bemessen sein. Auch hier hängt der reale Bedarf sehr stark von dem Grad der Datenvorverarbeitung bei der Off-Line-Programmierung ab.

Der Ablauf und dadurch auch die Bedienung des Systems kann in drei Phasen aufgespalten werden: Die Einrichtungs- oder Vorbereitungsphase, die Prozeßphase und die Wartungs- und Diagnosephase. In diesen drei Phasen sind die Anforderungen an die Bedieneinrichtung sehr unterschiedlich. Während der Vorbereitungs- und Diagnosephase findet keine Bewegung des Manipulators statt. Der Bediener kann seine Aufmerksamkeit auf die Steuer- und Visualisierungseinrichtung lenken. Um Bedienfehler gering zu halten, sollte die Oberfläche so ausgearbeitet sein, daß eine intuitive Interaktion möglich ist, das bedeutet, der Bediener sollte weitgehend visuell durch das Ablaufmenü geführt werden und visuelle Entscheidungen treffen.

Während der Prozeßphase bewegt sich der Manipulator. Die Anforderungen an die Steuereinrichtung sind vollkommen anders. Die Mensch-Maschine-Schnittstelle sollte so gegliedert sein, daß die Aufmerksamkeit des Bedieners auf den Waschprozeß gelenkt wird. Er sollte den Zustand der Anlage und den Fortschritt des Waschprozesses jederzeit beurteilen können. Wichtig dabei ist, daß die Reaktion des Manipulators auf einen Bedieneingriff sehr direkt erfolgt. Eine Reaktionszeit von 0,3 s ist gerade noch tolerierbar. Es müssen Sicherheitsvorkehrungen getroffen werden, die denen des Betriebs von Manipulatoren entsprechen, ein Betrieb mit Totmannschalter ist zwingend.

4 Einsatz von Großmanipulatoren für die Flugzeugwäsche - Verfahren und Fehleranalyse

4.1 Die automatisierte Flugzeugwäsche mit Großmanipulatoren

Die Flugzeugwäsche mit einem hochflexiblen Handhabungssystem stellt andere Anforderungen an den Arbeitsprozeß und den Arbeitsraum als die manuelle Wäsche. Die geometrischen Verhältnisse und der mögliche Ablauf bilden die Grundlage für die Konzeption des automatischen Prozesses. Prinzipiell gibt es mehrere Möglichkeiten, eine automatisierte Wäsche durchzuführen. Wichtig ist hierbei, daß beim Waschprozeß keine Schäden am Flugzeug oder am Manipulator entstehen. Ein wesentliches Kriterium bei der Konzeption des Arbeitsprozesses ist der Arbeitsraum des Manipulators.

Der gesamte Arbeitsraum für die automatisierte Flugzeugwäsche ist bestimmt durch das zu waschende Flugzeug und dessen Aufstellung. Der Manipulator soll alle Oberflächenpunkte des Flugzeugs erreichen können. Kollisionsfreiheit des Roboters mit dem Flugzeug selbst, sowie mit allen weiteren, den Manipulator umgebenden Strukturen, muß gewährleistet sein. Der Manipulator muß daher während der Wäsche umpositioniert werden, da der kleinere Arbeitsraum des Manipulators nicht den gesamten Arbeitsraum zur Wäsche des Flugzeuges vollständig abdeckt. Aus statischen Gründen kann diese Umpositionierung nicht gleichmäßig mit einer definierten Geschwindigkeit erfolgen, so daß zur Durchführung der Gesamtwäsche mehrere Aufstellungsorte des Manipulators verwendet werden müssen. Die Überlagerung der Arbeitsräume verschiedener Aufstellungsorte überdecken den gesamten Arbeitsraum für die Flugzeugwäsche. Feste Aufstellungsorte gewährleisten eine definierte Beschreibung der Geometrie, eine bewegliche Aufstellung hingegen würde zusätzliche Toleranzen produzieren. Für die Aufteilung der Teilarbeitsräume sind folgende Kriterien ausschlaggebend:

- ☐ Die Aufstellungsorte müssen gut erreichbar sein, um die Zeiten, die zur Vorbereitung der Wäsche nötig sind, zu minimieren.

- ☐ Eine Störung des Wartungsbetriebs am Flugzeug soll weitgehend vermieden werden. Dies bedeutet, der Manipulator soll so aufgestellt werden, daß er ausreichenden Raum bietet, Aktionen am Flugzeug durchzuführen.

- ☐ Es sollen möglichst wenig Aufstellungsorte gewählt werden, um wiederum die Vorbereitungszeiten gering zu halten und mit wenigen Rangiermanövern auszukommen.

Eine Optimierung mit diesen Zielkriterien kann On-Line oder Off-Line erfolgen. Eine On-Line-Optimierung kann allerdings nur lokale Optima finden, die nicht reproduzierbar sind.

Werden Zeitgrenzen gesetzt, kann ein On-Line Optimierungsalgorithmus versagen. Dies würde eine Gefährdung für das Flugzeug bedeuten. Wird die Optimierung mit Hilfe eines Off-Line-Programmiersystems durchgeführt [4.1] [4.2], kann global optimiert werden und gleichzeitig ist hier die Reproduzierbarkeit der Wäsche gegeben. Dies ist auf jeden Fall das sicherere Verfahren zur Planung der automatisierten Flugzeugwäsche.

Die geometrischen Verhältnisse des Arbeitsraums bei der Flugzeugwäsche mit einem mobilen Großroboter sind in Bild 4.1 dargestellt.

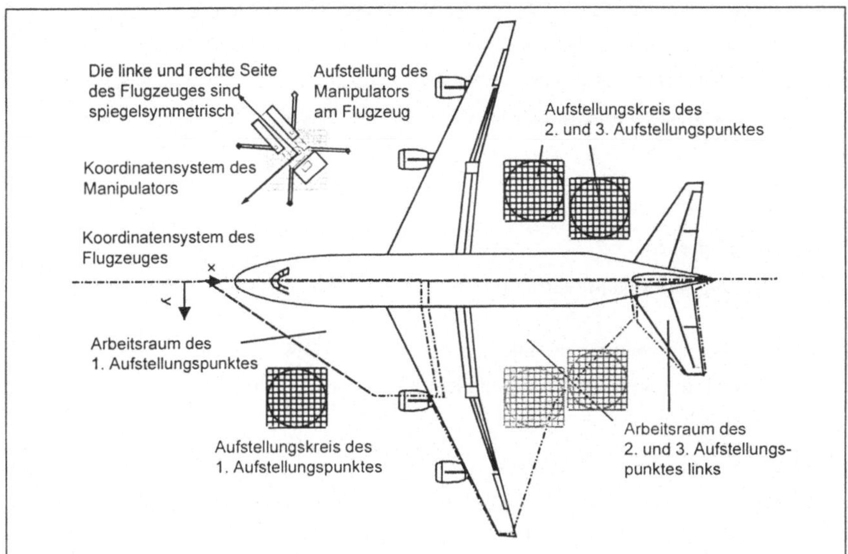

Bild 4.1:   Arbeitsraum des Roboters für ein Flugzeug des Typs B747

Für die B747 werden sechs Aufstellungsorte gewählt, jeweils drei auf der linken Seite und drei auf der rechten Seite. Für den Flugzeugtyp B737 werden insgesamt drei Aufstellungsorte gewählt, einer links, einer rechts zwischen Tragflügel und Leitwerk sowie einer vor dem Flugzeug. Analog können für weitere Flugzeugtypen, die in ihren Dimensionen zwischen der B737 und der B747 liegen, drei bis sechs Aufstellungsorte gewählt werden. Ein zeitlich straff organisierter Ablauf der automatisierten Flugzeugwäsche mit parallelen Prozessen wird definiert, wobei die folgenden Randbedingungen zu beachten sind:

❑ Bedingt durch die schwach strukturierte Umgebung muß eine Abschätzung der zu erwartenden Toleranzen durchgeführt werden.

❑ Die sichere Reproduzierbarkeit einer erreichten Arbeitsleistung ist ein wichtiger Bestandteil der Entwicklungen.

Die Arbeitsräume der einzelnen Aufstellungspositionen weisen nur eine geringe Überschneidung auf, wodurch zwar die Flexibilität eingeschränkt wird, jedoch eine klare Trennung der Waschbereiche vollzogen wird. Durch die gleichzeitige Anlage zur Längsachse des Flugzeuges symmetrischer Aufstellungspositionen wird eine überschaubare Struktur geschaffen.

4.2 Wesentliche Prozesse der automatisierten Flugzeugwäsche

4.2.1 Definition der wesentlichen Prozesse

Um eine sichere, reproduzierbare Wäsche zu gewährleisten, ist es am günstigsten, die Planung und Programmierung Off-Line durchzuführen. In das Gesamtkonzept muß sich auch die Wartung und Instandhaltung des Systems einfügen. Die automatisierte Flugzeugwäsche wird daher in drei wesentliche Prozesse gegliedert, die für die Steuerungstechnik von Bedeutung sind:

1. **Die Off-Line-Programmierung**

2. **Der Arbeitsprozeß**

3. **Die Wartung und Instandhaltung**

Die Konzeption der automatisierten Flugzeugwäsche bezieht sich auf den Gesamtprozeß, wobei in dieser Arbeit der Schwerpunkt auf die Konzeption und Durchführung der Wäsche (im Arbeitsprozeß) gelegt wird.

Die Off-Line-Programmierung definiert die Anfangsbedingungen und das Steuerungssystem. Ein transparenter Ablauf bildet die Grundlage für die Wartung und Instandhaltung. Die Struktur der wesentlichen Prozesse der automatisierten Flugzeugwäsche können in einem Diagramm nach ihrem organisatorischen- und zeitlichen Ablauf dargestellt werden (Bild 4.2).

Entsprechend der organisatorischen Gliederung werden auch unterschiedliche Betriebsmodi definiert. Der normale Waschbetrieb findet im Normalmodus statt, wobei eine lineare Sequenz von automatischen Waschprogrammen abgefahren wird. Eine Ausnahmebehandlung ist nicht möglich, für spezielle Ausnahmebehandlungen am Flugzeug gibt es den Vormannmodus. Dabei ist es möglich, das System nicht automatisch, sondern manuell in kartesischen Koordinaten zu bewegen. Der Ablauf kann flexibel gestaltet werden. Um Wartungsmaßnahmen am System durchführen zu können, ist der Wartungsmodus vorgesehen. Das System kann ohne alle Sicherheitsüberwachungen bewegt werden. Normalerweise werden Wartungsmaßnahmen nicht am Flugzeug durchgeführt. In diesem Modus wird beispielsweise eine Kalibrierung der kinematischen Kette durchgeführt. Schließlich wird noch der Systemmodus bereitgestellt, der es erlaubt, Programme zu definieren oder die Hardware neu zu konfigurieren.

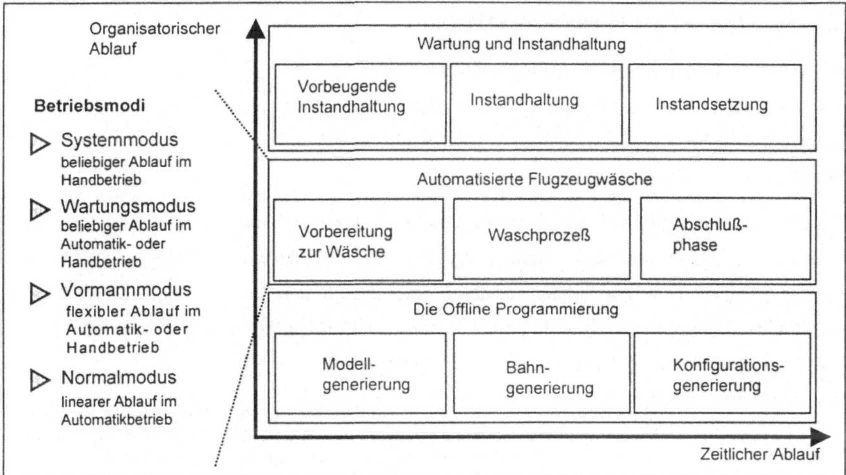

Bild 4.2:   Prozesse der automatisierten Flugzeugwäsche

Zu unterscheiden ist der organisatorische Ablauf der automatisierten Flugzeugwäsche, beginnend mit der Programmierung und der zeitliche Ablauf, beginnend mit den Vorbereitungen. Die Off-Line-Programmierung ist der Ausgangspunkt für die automatisierte Wäsche. Alle für die Durchführung der Wäsche notwendigen Randbedingungen der Programmierung werden in den folgenden Abschnitten definiert.

4.2.2 Off-Line-Programmierung

Bei der Off-Line-Programmierung wird eine Bewegungsvorgabe für den Manipulator erzeugt. Aus CAD-Daten wird ein räumliches Modell des Flugzeuges erstellt. Mit diesem Modell wird ein Off-Line-Programm für die Nominalaufstellung des Manipulators erstellt, dieses wird als Masterprogramm bezeichnet. Für ein festgelegtes Raster werden Variationen dieses Masterprogrammes erzeugt. Die erstellten Programme werden auf Kollision und mögliche Toleranzen untersucht und hinsichtlich dieser Größen optimiert. Die Off-Line-Programmierung bietet die Möglichkeit, bereits viele verschiedene Varianten durchzuspielen und eine günstige auszuwählen. Besonders die Konfiguration des Manipulators für jeden Bahnpunkt kann mehrfach optimiert werden. Grundlegende Zielfunktionen der Optimierung bilden hier die Manipulierbarkeit der kinematischen Kette, die Kollisionsfreiheit des Manipulators mit dem Flugzeug und der Umgebung, sowie die minimale Gelenkbeschleunigung der Achsen zur Minimierung der dynamischen Kräfte.

4.2.3 Spezifikation des Prozesses der Wäsche

Der Ablauf einer automatisierten Flugzeugwäsche mit dem mobilen FH 26 soll im folgenden Abschnitt definiert werden. Er dient als Grundlage zur Spezifikation der Teilsysteme. Für den automatisierten Waschprozeß werden drei wesentliche Schritte festgelegt, die in Tabelle 4.1 definiert sind.

Diese Gliederung ergibt sich aus den funktionellen Zusammenhängen, den sicherheitstechnischen Anforderungen und der Bedienung des Systems. Von besonderer Bedeutung ist hierbei die Erzeugung der Bewegungsdaten für den Manipulator in der Vorbereitung zum Waschprozeß, da diese Funktion ausschließlich vom Bordrechner durchgeführt wird. Diese Vorgehensweise in drei Schritten ist auf andere Systeme übertragbar.

Phase 1 Vorbereitung des Waschprozesses	Die Vorbereitung zur Wäsche ist mit dem Rüsten von Industrierobotern vergleichbar. Die Vorbereitungsphase dient der Festlegung spezifischer Randbedingungen für den Ablauf des Prozesses. Der Manipulator wird am Flugzeug positioniert und seine relative Lage zum Flugzeug bestimmt. Die Ausgangsdaten und die Programme werden auf die momentane Situation transformiert. Daten der Umgebung werden einbezogen, um aus einer unstrukturierten Umgebung eine strukturierte zu schaffen. Ein wesentliches Kriterium bei der Vorbereitung ist die Reproduzierbarkeit. Transformationsverfahren mit aufwendigen Optimierungen besitzen eine geringe Reproduzierbarkeit bei geringfügig geänderten Randbedingungen. Die Bedienung in dieser Phase erfolgt am Bordrechner.
Phase 2 Waschprozeß	Der Prozeß der Wäsche ist charakterisiert durch das Zusammenspiel von Bediener, Bewegungssteuerung, dem Bordrechner als Überwachungs- und Korrektureinrichtung sowie dem eigentlichen Waschprozeß. Entwicklungsschwerpunkt ist hier, während der Wäsche, eine Ablaufüberwachung durchzuführen, um die Sicherheit während des Arbeitsprozesses zu erhöhen. Die Bahn des Manipulators muß gegebenenfalls korrigiert werden, um größere Maßabweichungen der Flugzeugoberfläche ausgleichen zu können. Die wichtigsten Bewegungsdaten des Manipulators werden protokolliert, um eine spätere Wartung oder Diagnose bei Fehlfunktionen durchführen zu können.
Phase 3 Abschlußphase	Während der Abschlußphase wird der Manipulator wieder in seinen Ausgangszustand versetzt. Die zu Beginn der Vorbereitungsphase definierten Koordinaten und erfaßten Randbedingungen werden ungültig und die generierten Programme gelöscht. Der nächste Aufstellungspunkt kann angefahren werden oder die Gesamtwäsche ist beendet.

Tabelle 4.1:   Phasen des Waschablaufes

4.3 Bestimmen der relativen Lage des Manipulators zum Flugzeug

Die Bestimmung der relativen Lage des Manipulators zum Flugzeug stellt ein Kernproblem der Anwendung dar. Wichtig ist, den durch ungenaue Positionierung des Manipulators am Flugzeug entstehenden Positions- und Orientierungsfehler für alle Bahnpunkte eines Aufstellungsortes zu minimieren. Maßabweichungen der Flugzeugoberfläche sollen bereits bei der Bestimmung der relativen Lage des Manipulators zum Flugzeug minimiert werden.

Die Vermessung soll einen Mittelwert aus der Bestimmung vieler Oberflächenpunkte im aktuellen Arbeitsraum darstellen. Diese Anforderungen können von einem 3-D-Sensor [4.3] erfüllt werden, der möglichst im gesamten Arbeitsraum des Manipulators ein gerastertes Feld von Entfernungspunkten bestimmt. Um die gemessenen Raumpunkte mit dem Flugzeugmodell der Off-Line-Programmierung möglichst gut zur Deckung zu bringen, wird mittels einer Approximation der kleinsten Fehlerquadrate die beste Näherung für die Koordinaten der relativen Lage des Manipulators zum Flugzeug bestimmt. Durch die vollautomatische Messung sind Bedienfehler, die durch die Ablaufüberwachung nicht erkannt werden, ausgeschlossen.

4.4 Integration der Wascheinrichtung

Die Wascheinrichtung muß in der Lage sein, dynamische Bahnabweichungen des TCP's durch Adaption auszugleichen. Bei starken Krümmungen der Flugzeugoberfläche muß die Überdeckung der Bahnen erhöht oder die Waschrichtung entsprechend angepaßt werden, um eine gleichmäßige Wäsche zu gewährleisten. In Bild 4.3 ist eine Prinzipskizze der Wascheinrichtung mit den wichtigsten Definitionen dargestellt.

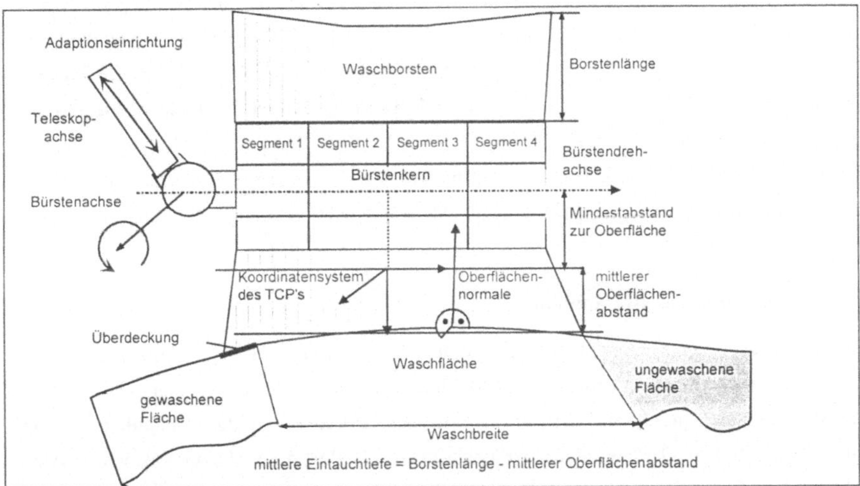

Bild 4.3:   Darstellung der Waschbürste

Messungen am FH 26 haben ergeben, daß die Bürste bei „Not Aus", das bedeutet eine sofortige Blockierung aller Achsen, auf einer normalen Waschbahn mit einer Amplitude von bis zu 20 cm nachschwingt. Daher muß aus Sicherheitsgründen ein Mindestabstand von 20 cm des Bürstenkerns zur Oberfläche des Flugzeuges gewährleistet sein. Um dies in jeder Situation zu gewährleisten, werden in dieser Arbeit entsprechende Verfahren entwickelt.

Die Waschbürste ist in vier Segmente geteilt, die jeweils mit Drehmomentsensoren ausgestattet werden, welche Informationen über die Eintauchtiefe des jeweiligen Segments liefern. Auf der Bewegungssteuerung muß ein dynamischer Adaptionsalgorithmus realisiert werden, der eine konstante Eintauchtiefe der Waschsegmente einstellt. Die Adaptionsgeschwindigkeit muß etwa der Bahngeschwindigkeit entsprechen und die Beschleunigungen der Adaptionsachsen müssen erheblich über denen der restlichen Manipulatorachsen liegen, um eine effiziente und zuverlässige Bahnkorrektur zu ermöglichen.

4.5 Abschätzung der Toleranzen

4.5.1 Fehler beim Bestimmen der relativen Lage des Manipulators zum Flugzeug

Die Abweichung des bei der Off-Line-Programmierung verwendeten Modells und den vom Flugzeughersteller bereitgestellten CAD Daten des Flugzeuges ist kleiner als 5 cm. Eine höhere Genauigkeit würde den Aufwand und die entstehende Datenmenge bei der Off-Line Programmierung sehr stark erhöhen. Wird das Flugzeugmodell der Off-Line Programmierung auch zur Bestimmung der relativen Lage mit dem 3-D-Sensor verwendet, kommt es hier zu keinen weiteren Fehlern. Es wird die Bestapproximation von Programmdaten zum realen Szenario gefunden. Frühzeitig durchgeführte Meßversuche zeigten eine Meßgenauigkeit des 3-D-Sensors von wenigen Zentimetern. Eine bedeutende Fehlerquelle sind noch die Maßabweichungen der Flugzeuge zu ihren vom Hersteller bereitgestellten CAD-Daten. Sie werden angegeben mit ± 5 cm, können aber in Extremfällen ± 0.5 m überschreiten. Grund hierfür sind Fertigungstoleranzen sowie Deformationen im Tragflügel und Rumpf des Flugzeuges, verursacht durch unterschiedliche Beladungszustände, Wärmedehnung und Strukturänderungen bei Alterung der Flugzeuge.

4.5.2 Deformation des Manipulators

Die Deformation des Manipulators läßt sich aus Messungen am FH 26 bestimmen. Zusätzliche Vergleiche mit einem einfachen FEM-Modell zeigen die Zusammenhänge der unterschiedlichen Belastungsarten. Demnach liegt die Gesamtdeformation des Manipulators in der Strecklage über 1 m. Der Einfluß der Arbeitskräfte am TCP ist durch die torsionsweiche Ausführung des Manipulators erheblich. Es entstehen Positionsabweichungen bis zu 25 cm.

Fehler, die durch die Wärmedehnung und Alterung (Relaxation) des Materials entstehen, können mit ± 5 cm abgeschätzt werden. Wird eine Kompensation verwendet, die die entstehenden Deformationen meßtechnisch erfaßt, liegt der Meßfehler dieser Messung mit verfügbaren Sensoren etwa bei ± 8 cm. Eine Kompensation von 90 % des gesamten Deformationsfehlers wird angestrebt.

4.5.3 Restfehler bei der Kalibrierung

Durch die Kalibrierung des Gesamtsystems können identifizierbare statische Fehler ausgeglichen werden. Die kinematischen Parameter können relativ genau erfaßt und es kann auch eine gute Annäherung der Deformation gefunden werden und der Summenfehler des Gesamtsystems wird durch den Einsatz eines 3-D-Sensors ebenfalls klein gehalten. Da sich die Kalibrierung immer auf den Zustand der Anlage zu einem Zeitpunkt bezieht, kann der Einfluß der Wärmedehnung und ähnlicher zeitabhängiger Größen nicht kalibriert werden. Der Restfehler der Kalibrierung wird mit ± 10 cm abgeschätzt; zusätzlich bleibt der Fehler der Deformationskompensation durch Krafteinfluß am Werkzeug.

4.5.4 Abschätzung des Einflusses der Dynamik des Manipulators

Die Kräfte am Manipulator und die daraus resultierenden Deformationen folgen aus den nichtlinearen Bewegungsgleichungen für die Struktur des Manipulators [4.3]. Werden die entstehenden Beschleunigungen bei der dynamischen Simulation von möglichen Bewegungen des Manipulators explizit bestimmt, kann eine Abschätzung der Kräfte und Deformationen am Manipulator vorgenommen werden.

Der hydraulische Antrieb der Einzelachsen ist auf kleine Achsgeschwindigkeiten ausgelegt. Dabei ist eine mittlere Achsbeschleunigung von etwa $0.5°/s^2$ mit den installierten hydraulischen Komponenten realisierbar. Werden die entstehenden Beschleunigungen bei der Simulation, mit einem einfachen linearisierten dynamischen Balkenmodell der Manipulatorkinematik eingesetzt, erhält man die maximalen Positionsverschiebungen am TCP. Es ergeben sich für die Beschleunigung $\ddot{x}$ eines Massenelements Werte <1 m/s^2. Diese Simulation ließ sich bei Messungen am FH26 verifizieren.

Aus dieser Simulation folgt, daß die dynamische Deformation etwa 10% der statischen Deformationen ausmacht. Das ergibt etwa ± 4 cm Verschiebung am TCP.

4.5.5 Abschätzung des Einflusses der Achsregelung

Der Einfluß der Antriebsregelung ist sehr bedeutend. Mit dem verwendeten Antriebs- und Regelungskonzept entstehen bei konstanter Geschwindigkeit Regelabweichungen von ca. 0,5 °. In Beschleunigungsphasen werden allerdings Abweichungen von bis zu 2,5 ° erreicht. Die Bewegungssteuerung setzt zur Achsregelung klassische Regelverfahren ein. Die Reglereinstellung hat als oberstes Ziel die vorgegebene Geschwindigkeit möglichst exakt einzuhalten. Die Position der Achsen kann dann über eine Bahnfehlerkompensation erfolgen. Der resultierende Fehler am TCP kann durch einen linearen Ansatz. der Vorwärtstransformation auf Geschwindigkeitsebene, abgeschätzt werden. Für einen ungünstigen Fall, erhält man einen Fehler von 55 cm.

4.5.6 Klassifizierung der Fehler

Die zu erwartenden Ungenauigkeiten können in drei Klassen eingeordnet werden, womit ein Ansatz zu deren Kompensation gefunden werden kann:

A   **Ungenauigkeiten, die abhängig vom Manipulator sind.**

Dies sind nicht erfaßte Einflußgrößen wie die aktuellen Temperatur- und Windeinflüsse sowie die unzureichende Modellbeschreibung des Manipulators.

B   **Ungenauigkeiten, die abhängig vom Aufstellungsort sind.**

Hierzu zählen bahnpunktbezogene Abweichungen der TCP Lage sowie die relative Lage des Manipulators zum Flugzeug.

C   **Ungenauigkeiten, die abhängig vom Waschprozeß, der Bewegung des Manipulators und von der ungenauen Geometrie des Flugzeuges sind.**

Die dynamischen Abweichungen des Systems vom quasistatischen Ersatzmodell und Toleranzen der Flugzeugoberfläche bilden die dritte Klasse von Fehlern. Hierunter fallen die dynamische Deformation des Manipulators und die bleibenden Regelabweichungen der Achsregler.

Die folgende Tabelle 4.2 gibt einen Überblick über die zu erwartenden Ungenauigkeiten, die in die oben erklärten Klassen A, B und C geordnet sind.

Abweichungen	A Manipulator		B Aufstellung		C Prozeß	
	Position	Orientierung	Position	Orientierung	Position	Orientierung
Modell Manipulator	0,4 m	0,5 °	0,01 m	0,01 °	0 m	0 °
Deformation durch Gewicht und Last am TCP	0,5 m	0,1 °	0,2 m	0,05 °	0,2 m	0,02 °
Abweichungen des Flugzeuges	0 m	0,1 °	0,3 m	0,05 °	0,2 m	0,05 °
Dynamik	0,03 m	0,01 °	0,05 m	0,0 °	0,2 m	0,5 °
Regelung	0 m	0 °	0 m	0 °	0,55 m	1,5 °
Modell Flugzeug,Programm	0 m	0,0 °	0,05 m	0,05 °	0 m	0 °
Relative Lage	0,05 m	0,2 °	0,07 m	0,2 °	0,4 m	0,5 °
Summe	0,98 m	0,91 °	0,68 m	0,36°	1,55 m	2,57 °

Tabelle 4.2:   Zu erwartende Abweichungen von Positionen bei der Flugzeugwäsche

Diese Abschätzung zeigt einen zu erwartenden Gesamtfehler von über 2 m, der auf die drei Fehlerkategorien relativ gleichmäßig verteilt ist. Keine der 3 Fehlerkategorien kann vernachlässigt werden, eine Kompensation ist in jedem Falle notwendig. Es wird dabei eine Fehlerkompensation von 90 % des Gesamtfehlers angestrebt.

4.6 Bahnplanung für Großmanipulatoren bei der Flugzeugwäsche

4.6.1 Off-Line-Programmierung

Durch die Off-Line-Programmierung wird eine Folge von Bahnpunkten vorgegeben. Diese vorgegebene Bahn muß die Gegebenheiten des Manipulators, z.B. dessen Arbeitsraum, berücksichtigen. Zu jedem Punkt muß weiterhin eine Reihe von Steuerbedingungen angegeben werden, wie das Ein- und Ausschalten der Wascheinrichtung. Ein exakte Beschreibung der dazwischenliegenden Bahn wird von der Bewegungssteuerung generiert.

Benötigt werden folgende Daten:

- ☐ Eine eindeutige Beschreibung der Bahnpunkte im Raum, die durch eine homogene Transformationsmatrix gegeben ist.

- ☐ Eine Beschreibung der Manipulatorkonfiguration für jeden Bahnpunkt. Diese wird durch die Positionen der Gelenke des Manipulators definiert.

- ☐ Die relative Bahngeschwindigkeit für jeden Bahnpunkt, bezogen auf die maximale Bahngeschwindigkeit des Manipulators.

- ☐ Die relative Bahnbeschleunigung für jeden Bahnpunkt bezogen auf die maximale Bahnbeschleunigung des Manipulators.

- ☐ Eine eindeutige Beschreibung des Arbeitsprozesses für jeden Bahnpunkt. Hierzu zählen Attribute, die die Funktionen der Bahnkorrektur steuern, sowie die Randbedingungen für die Wascheinrichtung.

Die Bahnpunkte werden zu Bahnsequenzen gruppiert, die ein Waschprogramm darstellen. Dieses Waschprogramm bildet die kleinste zu waschende Einheit.

4.6.2 Planung der Bahnsequenzen

Um eine exakte Bahn planen zu können, müssen die Bahnpunkte einen Abstand haben, der in der Größenordnung der verbleibenden Unsicherheit liegt. Gewählt wird ein Punktabstand von 20 cm. Damit ist es möglich, das Geschwindigkeits- und Beschleunigungsprofil auf der Bahn, dem Waschprozeß angepaßt, einzustellen. Die Krümmungsradien der Bahn bei Parabelinterpolation weichen nur wenig von der Oberfläche des Flugzeuges ab. Die einzelnen Programmsequenzen besitzen Genauigkeitsbedingungen, die eine Überprüfung auf Kollisionssicherheit ermöglichen. Die physikalischen Grenzen, wie Schwenkwinkelbereiche und die maximale Hubgeschwindigkeit der Antriebszylinder des Manipulators, müssen bei jedem Bahnpunkt geprüft werden. Der Manipulator kann somit bei gegebenem Antrieb die geforderte Bahngeschwindigkeit und Achsbeschleunigung realisieren. Die Systembelastung kann weiter reduziert werden, wenn die Konfiguratioinen des Manipulators an den Bahnpunkten sich möglichst wenig ändern. Gleichfalls ist auf geringe Achsbeschleunigungen zu achten.

Das Aufsetzen der Bürste auf die Oberfläche stellt besondere Anforderungen an die Bahnplanung. Die Aufsetzstellen sollten immer in einem Bereich liegen, in dem die Restfehler relativ klein sind. Dies sind Bereiche, die im Sichtfeld des 3 D-Sensors und im mittleren Arbeitsbereich des Manipulators liegen, da hier die kleinsten Meßfehler auftreten und die Toleranzen genauer abgeschätzt werden können. Ferner sollten diese Aufsetzpunkte nicht in der Nähe empfindlicher Bauteile oder an Kanten liegen.

Das Anfahren sollte möglichst senkrecht zur Oberfläche mit sehr kleiner Geschwindigkeit und kleinen Bahnbeschleunigungen erfolgen. Wichtig ist diese Vorgehensweise, um die dynamischen Anforderungen an das Bahnkorrektursystem gering zu halten.

Eine Bahnsequenz besteht aus Anfahrsequenz, verschiedenen Waschbahnen und einer Abfahrsequenz. Dazwischen liegen einfache Bahnwechsel, bei denen die Bürste ihre Orientierung beibehält, oder Umkonfigurationen, wobei die Bürste ihre Orientierung stark ändert. Ziel einer guten Bahnplanung muß es sein, die Zeit, die für Bahnwechsel, Umkonfiguration sowie der Anfahr- und Abfahrsequenz benötigt wird, zu minimieren.

Wichtige Punkte und Bereiche der Waschbahnen sind in Bild 4.4 veranschaulicht dargestellt.

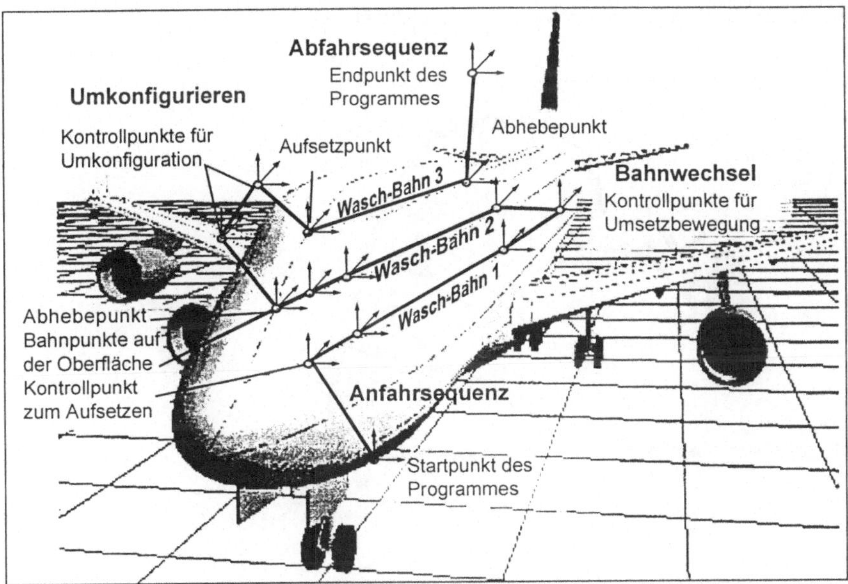

Bild 4.4:   Bahnsequenz für die Wäsche eines Flugzeuges

4.6.3 Planung der Manipulatorkonfigurationen

Die Konfiguration des Manipulators ist entscheidend für die Abschätzung des Waschablaufs. Ziel der Off-Line- Programmierung muß es sein, günstige Konfigurationen zu finden, die die Kollision des Manipulators mit dem Flugzeug und mit sich selbst ausschließen. Singuläre Stellungen müssen vermieden werden. Es ist darauf zu achten, daß möglichst viele Achsen einen gleichmäßigen Beitrag zur Bewegung leisten können, um größere Konfigurationsänderungen zu vermeiden. Damit können auch entstehende Beschleunigungen, Kräfte und der Leistungsbedarf des Systems gering gehalten werden. Alle Achsen sollten einen hinreichenden Abstand zu den Gelenkwinkelgrenzen aufweisen, um genügend Spielraum für die Bahnkorrektur sicherzustellen. Bei Simulationen stellte sich eine Schwenkwinkelreserve von 3°-5° als ausreichend heraus. Kleine Konfigurationsänderungen und die daraus resultierenden Verschiebungen der Gelenkpunktkoordinaten gestatten es, Schlüsse über die Kollisionsfreiheit zwischen zwei Bahnpunkten zu ziehen. Entspricht das Basisrastermaß der Aufstellung etwa dem mittleren Bahnpunktabstand, ist Kollisionsfreiheit, bei einem Mindestabstand des Manipulators zur Flugzeugoberfläche entsprechend dem Rastermaß, gegeben.

Über das optische Erscheinungsbild der Konfiguration kann der Bediener den Ablauf der Wäsche überwachen. Für den Bediener ist es wichtig, einprägsame Konfigurationen zu haben, die sich bei jeder Wäsche nahezu gleich gestalten. In Bild 4.5 ist die Grundkonfiguration bei der Wäsche abgebildet. Bezeichnend ist der gleichmäßige Bogen der Grundachsen und der charakteristische Knick in den Handachsen des Manipulatorarmes.

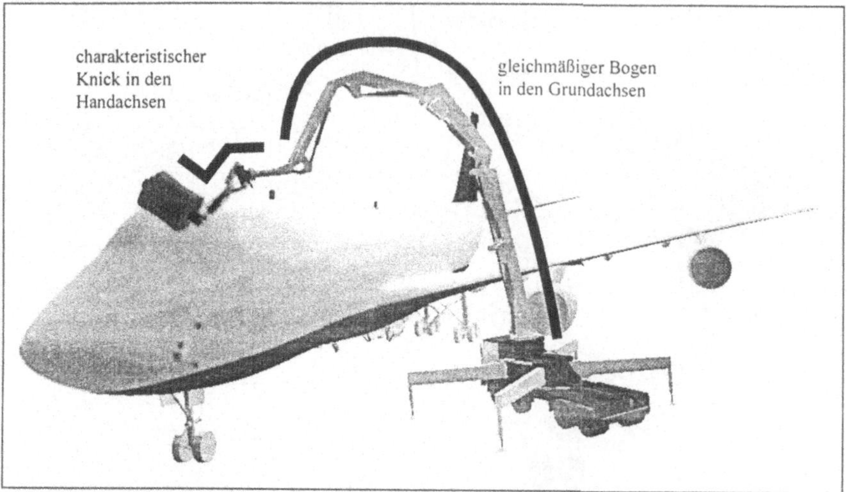

Bild 4.5:   Günstige, einprägsame Manipulatorkonfiguration

Die Reproduzierbarkeit der Konfigurationen erleichtert es dem Bediener, zwischen ordnungsgemäßem Betrieb und Störungen unterscheiden zu können, weil sich ständig ändernde Konfigurationen den Bediener verwirren würden. Optisch harmonische Konfigurationen, die reproduziert werden, erleichtern es dem Bediener dagegen, die Anlage zu überwachen und damit die Sicherheit und Verfügbarkeit des Gesamtsystems zu erhöhen.

4.7 Kompensation von Ungenauigkeiten

4.7.1 Kalibrierung des Gesamtsystems

Um eine Flugzeugwäsche wirtschaftlich durchführen zu können, muß der Manipulator eine gewisse Grundgenauigkeit besitzen. Die Grundgenauigkeit geht in jede weitere Berechnung mit ein und beeinflußt entscheidend die Qualität und Leistung der Wäsche.

Restfehler bei der Kalibrierung können teilweise durch ein Bahnkorrektursystem ausgeglichen werden. Die Kalibrierung enthält auch die Deformation des Manipulators. Durch einen Test der absoluten Positioniergenauigkeit kann diese Bedingung für den kalibrierten Manipulator durchgeführt werden. Je genauer die Kalibrierung durchgeführt werden kann, desto geringer wird der Aufwand, weitere Ungenauigkeiten zu kompensieren.

4.7.2 Kompensation aufstellungsortabhängiger Geometriegrößen

Die Kompensation soll bestimmbare Fehlergrößen kompensieren. Die Hauptgröße bezieht sich hier auf die relative Lage des Manipulators zum Flugzeug wie bereits in Kapitel 4.3 beschrieben. Zusätzlich wird dabei noch die Deformation des Manipulators kompensiert. Die Güte der Kompensation hängt im wesentlichen davon ab, wie genau die reale Physik des Manipulators auf ein Modell abgebildet werden kann. Ein präzises Modell erfordert auch eine präzise Erfassung der realen Maschinenparameter. Um den Aufwand für die Kompensation in Grenzen zu halten, wird ein einfaches Modell verwendet, das entsprechend parametrierbar ist.

4.7.3 Bahnkorrektur

Die Bahnkorrektur muß in der Lage sein, geometrischen Toleranzen der Flugzeugoberfläche zu folgen, sowie dynamische, regelungstechnisch bedingte und bisher nicht kompensierte statische Fehler auszugleichen. Die Fehlergröße setzt sich hier aus mehreren Einzelfehlern zusammen:

❑ Die reale Deformation des Manipulators soll durch ein Sensorsystem gemessen werden.

❑ Bleibende Regelabweichungen der Achsregler können teilweise in die Bahnkorrektur mit einbezogen werden.

❑ Dynamische Fehler werden durch eine aktive Adaptionseinrichtung der Waschbürste ausgeglichen. Diese verursacht allerdings auch wiederum statische Bahnabweichungen, da sie nur in 2 Freiheitsgraden arbeitet.

❑ Räumliche Positionsabweichungen des TCP und Abweichungen der Flugzeugoberfläch zum verwendeten Modell sollen kompensiert werden. Das Bahnkorrektursystem muß auf Gesamtfehler bis zu einem Meter reagieren können, wobei eine Reaktionszeit von 5 Sekunden als hinreichend betrachtet werden kann. Die verbleibenden Restfehler dürfen die Waschleistung nicht wesentlich beeinflussen. Der Positionsfehler in Oberflächennormalenrichtung ergibt sich als mittlerer Fehler der Eintauchtiefen aller Bürstensegmente, die stark von der Oberflächenkrümmung des Flugzeugs abhängen.

Werden diese Korrekturen durchgeführt, kann ein Restfehler von 0,15 m verbleiben der durch die Waschbürste ausgeglichen werden muß. In Tabelle 4.3 sind die zulässigen Restfehler der Kompensationsschritte aufgelistet.

Koordinatenrichtung der Abweichung	Manipulator Kalibration	Kompensation der relativen Lage	Bahnkorrektur
TCP Normalenrichtung	0,1 m	0,1 m	0,1 m
TCP Oberfläche	0,15 m	0,2 m	0,2 m
Betrag des zulässigen Orientierungsfehlers	1 °	0.2 °	1,5 °

Tabelle 4.3:   Zulässige richtungsabhängige Fehlergrenzen des Gesamtsystems

Die zulässigen Fehlergrößen sind richtungsabhängig, es kann auf der Oberfläche eine größere Toleranz erlaubt werden als in Oberflächennormalenrichtung.

4.8 Einbindung des Bordrechners ins Gesamtsystem

Der Bordrechner wird in das bestehende FH 26 integriert. Die hohe Flexibilität des Einsatzes erfordert einen Bordrechner, der die Verwaltung und Bereitstellung der Programme übernimmt. Die beim FH 26 bereits integrierte Steuerung wird als Bewegungssteuerung eingesetzt. Ihre hohe Zuverlässigkeit und der geringe Entwicklungsaufwand für die Steuerung und Regelung der Manipulatorachsen erübrigen eine Neuentwicklung. Die Entwicklungsarbeiten können somit voll auf den Einsatz des Manipulators zur Flugzeugwäsche konzentriert werden.

Ein sehr hoher Sicherheitsstandard kann durch den Einsatz von redundanten Rechnersystemen erreicht werden. In Bild 4.6 ist das Gesamtsystem schematisch mit den zu entwickelnden Komponenten dargestellt.

Für die Bestimmung der relativen Lage des Manipulators zum Flugzeug - der räumlichen Orientierung - wird ein 3 D-Lasersensor eingesetzt. Der bisher nur als Prototyp Entfernungsbildkamera (EBK) zur Verfügung stehende Sensor [4.5] zeichnet sich durch eine hohe Geschwindigkeit und leichte Handhabbarkeit aus.

Mit diesem Sensor, der vollständig in das Gesamtsystem integriert wird, ist es möglich, automatisch, ohne die Anbringung von Referenzmarken, eine Bestapproximation des 3 D-Bildes vom Flugzeug mit dem Modell der Off-Line Programmierung zu erhalten. Gegenwärtig ist auf dem Markt kein anderes Meßverfahren verfügbar, das im gesamten Arbeitsraum derart genaue Positionsdaten liefert.

Zur Bestimmung der Manipulatordeformation wird eine Deformationssensorik [4.6] eingesetzt, die die Deformation jeweils eines Armes in 3-Freiheitsgraden erfaßt. Die gemessene Deformation wird bei der Bahnkorrektur verwendet.

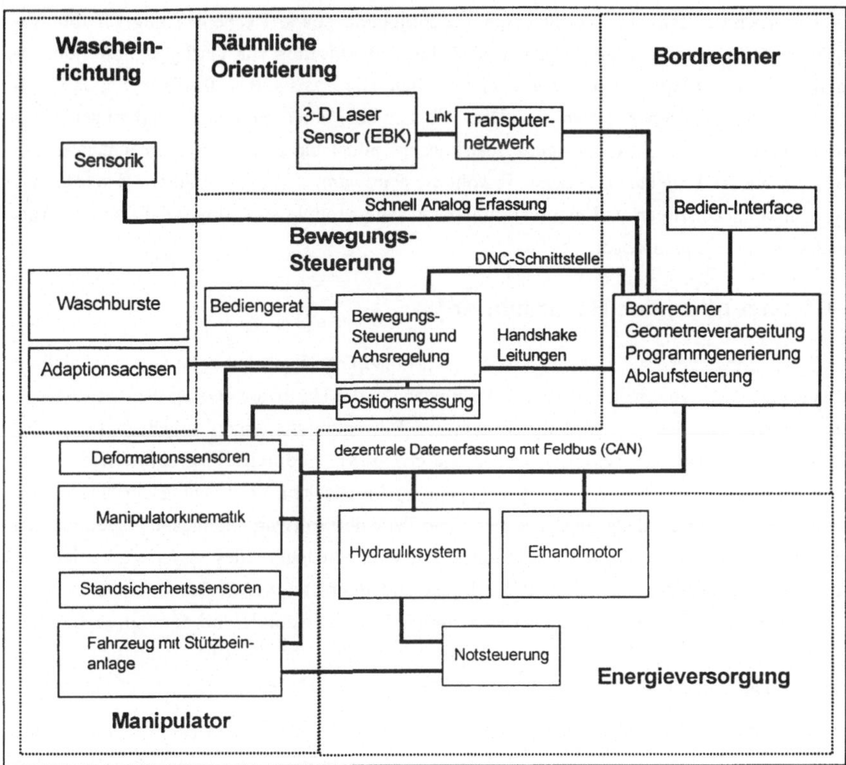

Bild 4.6:   Darstellung des Gesamtsystems

Die Tabelle 4.4 gibt eine Funktionsbeschreibung der einzelnen Module:

Modul, Baugruppe	Funktionen
Waschbürste mit Hilfseinrichtungen	Waschen
Bewegungssteuerung	Führen des Manipulators. Führen der Waschbürste auf der Flugzeugoberfläche, hohe Dynamik
Bediengerät mit Totmannschalter	Ablaufsteuerung, Sicherheitssystem I
Entfernungs-Bild Kamera (EBK)	Räumliche Orientierung am Flugzeug
Manipulator	Halten, abstützen von Kräften und Lasten Bewegen der Bürste
Sensoren	Erfassen des Systemzustandes
Energieeinrichtung	Bewegungsenergie zur Verfügung stellen
Bordrechner:	Ablaufsystem, Ausgleichen von Ungenauigkeiten, Sicherheitssystem, Datenverwaltung

Tabelle 4.4:   Funktionsbeschreibung der Module

Der Bordrechner stellt die Schnittstellen zur Peripherie sowie Rechenleistung für die Ablaufüberwachung und den Programmen zur Fehlerkompensation zur Verfügung, die notwendig sind, die geforderten Spezifikationen zu erfüllen. Die Basis soll so flexibel sein, daß vielseitige Anwendungen realisierbar sind. Dies läßt sich über einen modularen Aufbau der Rechnerhardware erreichen. Das gewählte Basiskonzept bildet ein offenes System und läßt sich leicht auf andere Projekte übertragen. Sowohl die Hardware, als auch die Software werden als Ebenenmodell konzipiert und modular aufgebaut. Alle Module sind einer modifizierten Aufgabenstellung leicht anpaßbar.

4.9 Konzeption des Bordrechners

Der Bordrechner wird als Mehrprozessorsystem konzipiert. Um eine hohe Gesamtsicherheit und Verfügbarkeit zu erhalten, muß eine Redundanz in der Hardware erzeugt werden. Deshalb wird der Bordrechner als paralleles System zur Bewegungssteuerung aufgebaut [4.7]. Zur Datenerfassung wird ein Feldbussystem eingesetzt [4.8], wodurch die Empfindlichkeit des Rechnerkerns für elektrische Störungen gegenüber klassischen Verdrahtungsverfahren stark vermindert wird. Gleichfalls werden wesentliche Teile der Software redundant ausgeführt, um die Sicherheit des Gesamtsystems zu erhöhen. Die Grundauslegung des Systems geschieht so, daß jede Hardwarekomponente leicht durch eine andere ersetzt werden kann und sollten sich durch Komponenten anderer Hersteller austauschen lassen. Dadurch wird es möglich, die Leistungsfähigkeit von Hard- und Software skalierbar zu gestalten. Dies ist Voraussetzung, um Applikationen mit beliebigem Rechenleistungsbedarf zu realisieren.

Die Skalierbarkeit des Systems beruht auf dem verwendeten Betriebssystem, wobei die Reaktionszeit eines Prozesses weniger von der Prozessorleistung als vielmehr von der Art des Zuteilungsverfahrens abhängt.

Die Prozessorleistung des Mehrprozessorsystems soll so ausgelegt werden, daß eine 50 % Auslastung gegeben ist, um bei etwaigen Ausnahmebehandlungen genügend Leistungsreserve zu haben. Gleichzeitig sollen die Taktfrequenz und der Leistungsverbrauch gering gehalten werden, wodurch die Lebensdauer und die Zuverlässigkeit positiv beeinflußt werden. Entscheidend für die Strukturierung der Softwaremodule sind die geforderten Reaktions- und Zykluszeiten sowie die damit verbundene benötigte Rechenleistung. Um den Overhead des Betriebssystems in Grenzen zu halten, sollten für die einzelnen Prozesse Einplanungszeiten gefordert werden, die abhängig vom Betriebssystem und Rechner mindestens um einen Faktor 5 bis 20 größer sind, so daß die Verwaltung durch das Betriebssystem von 5 bis 10 % der Gesamtrechenzeit in Anspruch nimmt. Diese Einplanungszeiten spiegeln sich in der hierarchischen Darstellung der Prozesse wieder. Die Verwendung eines virtuellen Speicherkonzepts mit der Verwendung geschützter Speicherbereiche erhöht die Sicherheit unabhängiger Prozesse. Fehler in der Software haben dadurch keine Auswirkung auf andere Prozesse. Durch redundante Softwareprozesse auf unterschiedlichen Plattformen kann die Restfehlerwahrscheinlichkeit auf ein Mindestmaß reduziert werden. Die Verwaltung der Prozesse übernimmt das Betriebssystem [4.9].

5 Kompensation statischer Fehler

5.1 Spezifikation der Koordinatentransformation

5.1.1 Spezifikation der verwendeten Koordinatensysteme

Die Koordinatentransformation baut auf der kinematischen Beschreibung des Systems auf, wobei das System durch homogene Koordinaten, wie sie in der Robotertechnik üblich sind [5.1], beschrieben wird. Zur Beschreibung der Lage aller Koordinatensysteme des Fahrzeuges, des Sensors und des Flugzeuges werden die folgenden Vereinbarungen getroffen:

Die Transformation des Koordinatensystems i in das Koordinatensystem k wird erklärt als

$$^{i,k}D = \left[\begin{array}{c|c} ^{i,k}T & ^{i}r_{i,k} \\ \hline 0 & 1 \end{array}\right].$$
(5.1)

Die Matrix $^{i,k}T$ beschreibt die Drehung des Systems i in das System k und hat folgende Gestalt:

$$^{i,k}T = \left[\begin{array}{ccc} ^{i}e_x & ^{i}e_y & ^{i}e_z \end{array}\right]$$
(5.2)

Der Vektor $^{k}r_{i,k}$ beschreibt die Verschiebung des Systems i in das System k in Koordinaten des Systems k. Der Index des Basiskoordinatensystems steht dabei immer links oben und die entsprechenden Indizes der Gelenke rechts unten. Eine graphische Darstellung der Koordinatendefinition wird in [5.2] aufgezeigt.

Das Bezugskoordinatensystem ist das Koordinatensystem des Flugzeuges. Die Lage des Koordinatensystems wird durch die CAD-Daten des Flugzeuges vom Flugzeughersteller festgelegt. Das Flugzeugbasissystem wird indiziert mit FO. Das Manipulatorbasissystem liegt auf der Verlängerung der Drehachse des Manipulators am Boden. Dieses wird indiziert mit O. Bild 5.1 stellt die verwendeten Koordinatensysteme dar.

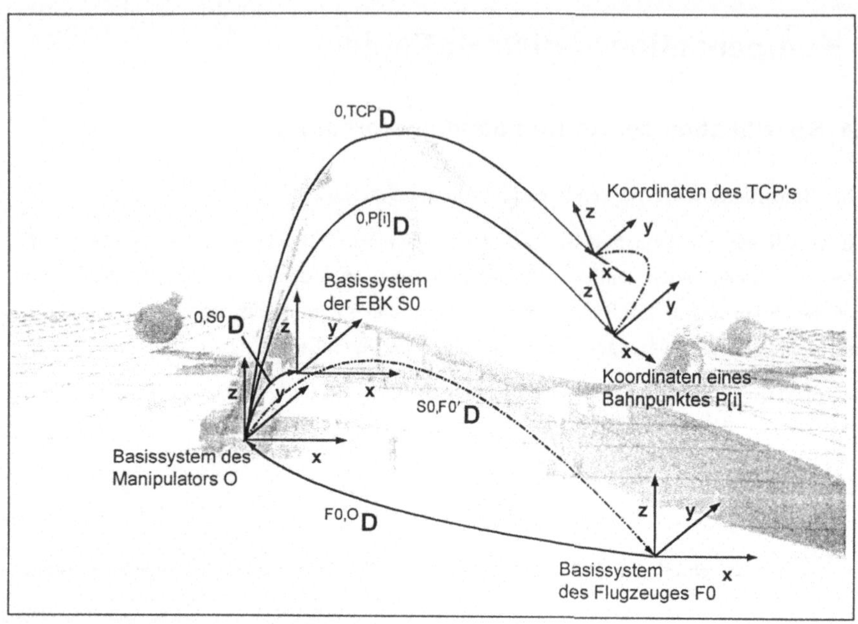

Bild 5.1: Verwendete Koordinatensysteme

Die Transformationen können wie folgt beschrieben werden:

$^{F0,O}D$ Transformation des Flugzeugbasissystems in das Manipulatorbasissystem

$^{O,S0}D$ Transformation des Manipulatorbasissystems in das Basissystem des 3 D-Sensors der Entfernungsbild-Kamera

$^{O,TCP}D$ Transformation des Manipulatorbasissystems in das Koordinatensystem des TCP

$^{F0,P[i]}D$ Koordinaten des Bahnpunktes i im Koordinatensystem des Flugzeuges

$^{S0,F0'}D$ Transformation des Sensorbasissystems in das gemessene Basissystem des Flugzeuges F0.

Die Beschreibung der Kinematik beruht auf der Notation von Denavit und Hartenberg [5.3]. Eine Darstellung der Koordinatensysteme des Manipulators mit den verwendeten DH-Parametern zeigt Bild 5.2. Eine Ausnahmebehandlung erfordert die 6. Achse des Manipulators. Sie kann nicht mit reinen D-H Parametern beschrieben werden, da sie zusätzlich einen Versatz in Y-Richtung aufweist. Die Tabelle der D-H Parameter in Bild 5.2 enthält deshalb einen zusätzlichen Parameter, der es erlaubt, einen weiteren Versatz einzutragen.

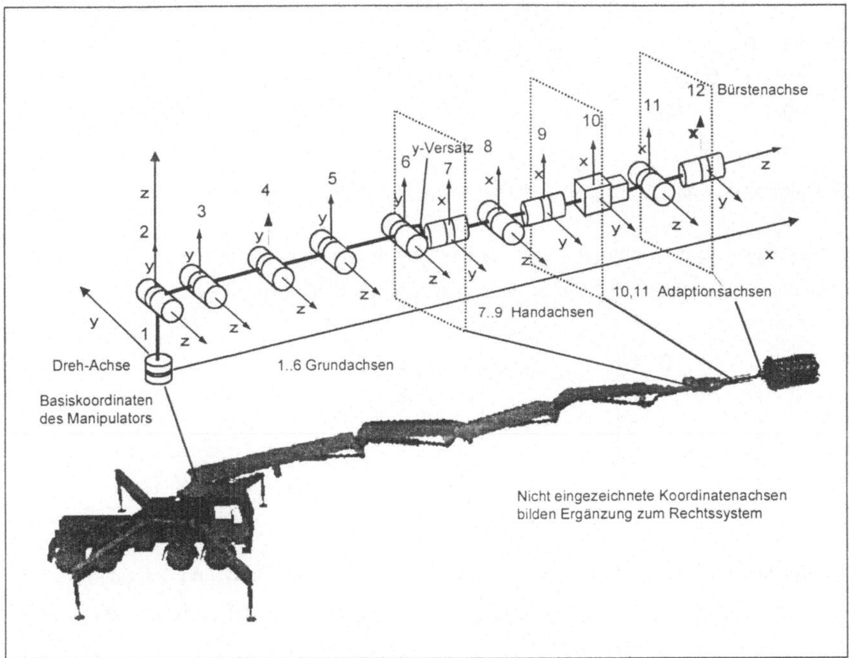

Bild 5.2:   Koordinatensysteme des Manipulators in Nullage

5.1.2 Spezifikation der Vorwärtstransformation

Die Vorwärtstransformation für die kinematische Kette des Manipulators schließt eine Deformationsrechnung mit ein. Die Transformation an jedem Gelenk ist erklärt als [5.4]:

$$^{\mathrm{i,k}}D = \quad ^{\mathrm{i,e}}D \quad\quad ^{\mathrm{e,d}}D \quad\quad ^{\mathrm{d,k}}D \tag{5.3}$$

Eingangssystem   Deformation   Ausgangssystem

Zur Beschreibung des Eingangssytems werden D-H Parameter verwendet. Diese Transformation beschreibt die kinematische Kette in ihrer Grundstellung. Die Transformation für die Deformation beinhaltet die Verschiebung entlang der drei Koordinatenachsen und die Drehung der Koordinatensysteme durch die Deformation.

Die Systeme aus Gleichung (5.3) werden folgendermaßen definiert:

Das Eingangssystem für die Transformation aus Gleichung (5.3) kann durch die drei Fundamental-Transformationen Gleichung (5.4) dargestellt werden:

$$
{}^{\mathrm{i,e}}\mathbf{D} = \begin{bmatrix} 1 & 0 & 0 & 0 \\ 0 & 1 & 0 & 0 \\ 0 & 0 & 1 & 0 \\ r_x & r_y & r_z & 1 \end{bmatrix} \qquad {}^{\mathrm{i,e}}\mathbf{D} = \begin{bmatrix} 1 & 0 & 0 & 0 \\ 0 & c\alpha & s\alpha & 0 \\ 0 & -s\alpha & c\alpha & 0 \\ 0 & 0 & 0 & 1 \end{bmatrix} \qquad {}^{\mathrm{i,e}}\mathbf{D} = \begin{bmatrix} c\gamma & -s\gamma & 0 & 0 \\ s\gamma & c\gamma & 0 & 0 \\ 0 & 0 & 1 & 0 \\ 0 & 0 & 0 & 1 \end{bmatrix} \qquad (5.4)
$$

$$\text{Verschiebung } (x, y, z) \qquad\qquad \text{Drehung um x-Achse} \qquad\qquad \text{Drehung um z-Achse}$$

Das Ausgangssystem beschreibt immer die Drehung um die z-Achse mit dem Winkel θ oder die Verschiebung entlang der z-Achse um den Weg x mit der aktuellen Gelenkposition:

$$
{}^{\mathrm{d,k}}\mathbf{D} = \begin{bmatrix} c\theta & s\theta & 0 & 0 \\ -s\theta & c\theta & 0 & 0 \\ 0 & 0 & 1 & 0 \\ 0 & 0 & x & 1 \end{bmatrix} \qquad\qquad {}^{\mathrm{d,k}}\mathbf{D} = \begin{bmatrix} 1 & 0 & 0 & 0 \\ 0 & 1 & 0 & 0 \\ 0 & 0 & 1 & 0 \\ 0 & 0 & x & 1 \end{bmatrix} \qquad\qquad (5.5)
$$

$$\text{Rotationsachse} \qquad\qquad\qquad \text{Translationsachse}$$

Durch die Multiplikation von Eingangssystem ${}^{\mathrm{i,e}}\mathbf{D}$, Deformation ${}^{\mathrm{e,d}}\mathbf{D}$ und Ausgangssystem ${}^{\mathrm{d,k}}\mathbf{D}$ erhält man die Gesamttransformation für jedes Gelenk ${}^{\mathrm{i,k}}\mathbf{D}$. Diese Beschreibung läßt sich numerisch besonders gut handhaben, da die Norm der Matrizen erhalten bleibt und einfache Belegungsvorschriften bestehen.

Das Ausgangssystem beschreibt bei Drehgelenken die Rotation um die z-Achse oder bei Schiebegelenken die Translation entlang der z-Achse. Mit den so eingeführten Transformationen berechnet sich die gesamte Vorwärtstransformation von der Basis des Manipulators zum TCP als Produkt der Einzeltransformationen:

$$
{}^{\mathrm{0,TCP}}\mathbf{D} = \prod_{i=1}^{\mathrm{TCP}} {}^{\mathrm{i-1,i}}\mathbf{D} \qquad\qquad (5.6)
$$

Die Transformation ${}^{\mathrm{0,TCP}}\mathbf{D}$ ist die Vorwärtstransformation für den Manipulator von der Basis zum TCP.

5.1.3 Definition der Bindungsgleichungen

Der reale Manipulator hat nur 11 ansteuerbare Achsen. Um eine beliebige Lage eines Bahnpunktes angeben zu können, muß eine 12. rotatorische Achse eingeführt werden. Sie beschreibt die Lage des Schwerpunktes der Kontaktfläche der Bürste mit der Flugzeugoberfläche. Diese virtuelle Achse erlaubt es, den TCP beliebig auf dem Umfang der Bürste zu plazieren. Das Bild 5.3 zeigt die geometrischen Verhältnisse am TCP.

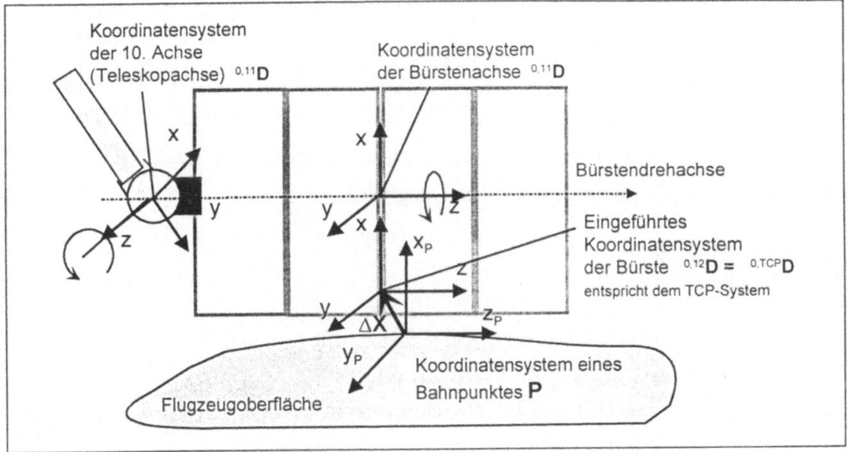

Bild 5.3:   Definition der Bindungsgleichungen

Das Koordinatensystem des **TCP** soll deckungsgleich mit dem Koordinatensystem des Bahnpunktes **P** liegen. Dabei gelten folgende Bindungsgleichungen:

$$^{0}r_{TCP,P} = 0$$
$$^{TCP}\tilde{e}_x \, ^{P}e_x = 0$$
$$^{TCP}\tilde{e}_y \, ^{P}e_y = 0$$
$$^{TCP}\tilde{e}_z \, ^{P}e_z = 0$$

(5.7)

Mit diesen Bindungsgleichungen erhält man eine geschlossene kinematische Kette:

$$^{0,TCP}D \cdot \, ^{TCP,P}D \cdot \, ^{P,0}D = 0 \quad \text{mit} \quad ^{TCP,P}D = E \quad \text{aufgrund der Bindungsgleichungen.}$$

Abhängig von der relativen Lage des Manipulators zum Flugzeug ist diese Bindungsgleichung nicht erfüllt.

Es besteht ein Fehler:

$$\Delta X = \begin{bmatrix} \Delta X_1 \\ \Delta X_2 \end{bmatrix}$$

(5.8)

Die beiden Komponenten von ΔX berechnen sich aus dem Positionsfehler der Sollvorgabe und der Vorwärtstransformation

$$\Delta \mathbf{X}_1 = \begin{bmatrix} \Delta x & \Delta y & \Delta z \end{bmatrix}^T = {}^0\mathbf{r}_{0,P} - {}^0\mathbf{r}_{0,TCP} \tag{5.9}$$

mit ${}^0\mathbf{r}_{0,P}$ dem Positionsvektor von der Manipulatorbasis zum Bahnpunkt **P** in Koordinaten des Manipulatorbasissystems und ${}^0\mathbf{r}_{0,TCP}$ dem Positionsvektor von der Manipulatorbasis zu den Koordinaten des TCP, sowie einem Orientierungsfehler:

$$\Delta \mathbf{X}_2 = \begin{bmatrix} \Delta \alpha & \Delta \beta & \Delta \gamma \end{bmatrix}^T \tag{5.10}$$

Die relative Orientierung zwischen zwei Koordinatensysytemen muß als dreiparametriger Vektor dargestellt werden. Ein Verfahren, wie aus den homogenen Transformationsmatrizen ein dreiparametriger Vektor für kleine Orientierungsfehler herausgelöst werden kann, wird im folgenden Abschnitt hergeleitet.

5.2 Spezifikation der Rückwärtstransformation

5.2.1 Bestimmen von kleinen Orientierungsfehlern

Der Drehanteil einer homogenen Transformation besitzt in seinen Komponenten die Gestalt:

$$^{i,k}\mathbf{T} = \begin{bmatrix} {}^i e_{kx1} & {}^i e_{ky1} & {}^i e_{kz1} \\ {}^i e_{kx2} & {}^i e_{ky2} & {}^i e_{kz2} \\ {}^i e_{kx3} & {}^i e_{ky3} & {}^i e_{kz3} \end{bmatrix} \tag{5.11}$$

und der schiefsymmetrische Tensor $\tilde{\mathbf{e}}$ entspricht der Operation des Kreuzprodukts:

$$\tilde{\mathbf{e}} = \begin{bmatrix} 0 & -e_3 & e_2 \\ e_3 & 0 & -e_1 \\ -e_2 & e_1 & 0 \end{bmatrix} \tag{5.12}$$

Der Drehanteil einer homogenen Transformationsmatrix $^{i,k}\mathbf{T}$ mit den drei Richtungsvektoren e_{kx}, e_{ky} und e_{kz} und einer zweiten Drehmatrix $^{i,j}\mathbf{T}$, zu der die relative Drehung zu bestimmen ist, kann das in Bild 5.4 dargestellte Modell aufgestellt werden.

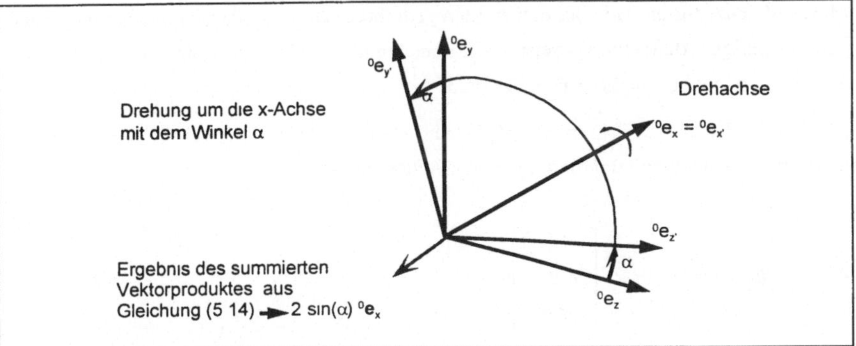

Bild 5.4:   Darstellung der Koordinatensysteme

Betrachtet man zunächst eine Drehung um nur eine Achse wie beispielsweise die x-Achse, entsteht durch die Drehung eine Veränderung der y- und z-Achse. Der Winkel α zwischen der alten und der neuen z-Achse z' kann rückwärts durch die Berechnung des Kreuzproduktes bestimmt werden:

$$\tilde{e}_z e_{z'} = e_x \sin(\alpha) \quad \text{mit} \quad \|e_z\| = \|e_{z'}\| = 1 \tag{5.13}$$

Wird das Kreuzprodukt zwischen y und y' berechnet, erhält man einen Vektor parallel zur x-Achse mit dem Betrag des Sinus des dazwischenliegenden Winkels α.

Wird zusätzlich das Kreuzprodukt für die x-Achse bestimmt, erhält man einen Nullvektor, da die x-Achse sich nicht verändert.

$$\tilde{e}_x e_{x'} + \tilde{e}_y e_{y'} + \tilde{e}_z e_{z'} = 0 + \sin(\alpha) \cdot e_x + \sin(\alpha) \cdot e_x = 2\sin(\alpha) \cdot e_x \tag{5.14}$$

Die Summe der Vektoren der Kreuzprodukte liefert in der x-Komponente Zwei mal den Sinus des kleinen Drehwinkels um die x-Achse, also 2*sin(α). Wird um die y-Achse gedreht, erhält man:

$$\tilde{e}_x e_{x'} + \tilde{e}_y e_{y'} + \tilde{e}_z e_{z'} = \sin(\beta) \cdot e_y + 0 + \sin(\beta) \cdot e_y = 2\sin(\beta) \cdot e_y \tag{5.15}$$

sowie aus einer Drehung um die z-Achse folgt:

$$\tilde{e}_x e_{x'} + \tilde{e}_y e_{y'} + \tilde{e}_z e_{z'} = \sin(\gamma) \cdot e_z + \sin(\gamma) \cdot e_z + 0 = 2\sin(\gamma) \cdot e_z \tag{5.16}$$

Der Ergebnisvektor erhält in der y- oder z-Komponente 2*sin(β) oder 2*sin(γ).

Wird nun gleichzeitig um jede der drei Achsen gedreht, erhält man die Summendrehung analog zur bisherigen Betrachtungsweise. Die Berechnung der Kreuzprodukte der Koordinatenachsen e_x, e_y, und e_z liefert 3 Drehvektoren.

Durch Summation der Drehvektoren erhält man einen einzelnen Drehvektor, der in seinen Komponenten die Drehung um die x-, y- und z-Achse enthält.

$$\tilde{e}_x e_{x'} + \tilde{e}_y e_{y'} + \tilde{e}_z e_{z'} = 2 \cdot \begin{bmatrix} \sin(\alpha) \\ \sin(\beta) \\ \sin(\gamma) \end{bmatrix} . \tag{5.17}$$

Für kleine Drehungen ($<5°$) kann $\sin(\alpha) = \alpha$, $\sin(\beta) = \beta$ und $\sin(\gamma) = \gamma$ gesetzt werden. Die gesamte Beziehung kann, zu einer Berechnungsvorschrift für die relative Drehung von 2-Koordinatensystemen, umgeformt werden:

$$\begin{bmatrix} \Delta\alpha \\ \Delta\beta \\ \Delta\gamma \end{bmatrix} = \frac{1}{2} \begin{bmatrix} \tilde{e}_x & \tilde{e}_y & \tilde{e}_z \end{bmatrix} \begin{bmatrix} e_{x'} \\ e_{y'} \\ e_{z'} \end{bmatrix} \tag{5.18}$$

Diese Orientierungsberechnung gilt nur für kleine Orientierungsänderungen. Für die Kompensation der relativen Lage ist diese Methode allerdings vollkommen hinreichend. Für die praktische Berechnung muß die Gültigkeit geprüft werden. Dazu kann ein weiterer Ansatz entwickelt werden:

$$\begin{aligned}
\left({}^{0}e_x, {}^{0}e_x \right) = \cos(\alpha) \qquad &\wedge \qquad \left\| {}^{0}e_x \right\| = \left\| {}^{0}e_x \right\| = 1 \\
\left({}^{0}e_y, {}^{0}e_y \right) = \cos(\beta) \qquad &\wedge \qquad \left\| {}^{0}e_y \right\| = \left\| {}^{0}e_y \right\| = 1 \\
\left({}^{0}e_z, {}^{0}e_z \right) = \cos(\gamma) \qquad &\wedge \qquad \left\| {}^{0}e_z \right\| = \left\| {}^{0}e_z \right\| = 1
\end{aligned} \tag{5.19}$$

Das Skalarprodukt zwischen den Vektoren liefert den Cosinus des eingeschlossenen Winkels, der für Winkel von 0 bis 180° eindeutig ist. Die Vorzeichenbedingung muß aus den Kreuzprodukten abgeleitet werden. Eine Drehachse für diesen Winkel kann bei der Cosinusbedingung nicht angegeben werden. Dieses Kriterium ist hinreichend, um auszuschließen, daß die vorherige Berechnung aus Gleichung (5.15) ihr Konvergenzfenster verläßt. Stabilität ist gegeben, wenn der Cosinus der eingeschlossenen Winkel jeweils > 0 ist.

Mit diesem Verfahren kann aus zwei homogenen Transformationen ein dreiparametriger Vektor bestimmt werden, der die Orientierungsfehler angibt.

Umgekehrt besteht das Problem, aus dem Vektor der kleinen Orientierungsfehler eine homogene Transformation zu finden. Mit dem folgenden Ansatz wird für kleine Winkel α, β, γ eine homogene Transformation gefunden.

Die Drehwinkel α, β, γ können als Kardanwinkel aufgefaßt werden und eine Transformationsmatrix kann, durch sukzessive Drehung um die einzelnen Winkel, erfolgen. Da die Drehreihenfolge nicht festgelegt werden kann, wird eine Linearisierung der Drehmatrix vorgenommen. Die linearisierte Drehmatrix ist unabhängig von der Drehreihenfolge. Alle möglichen Drehreihenfolgen der Kardanwinkel führen auf dieselbe Transformationsmatrix. Diese Transformationsmatrix besitzt eine von 1 abweichende Norm. Durch eine Normierung der Matrix in der Hauptdiagonalen kann eine Vorwärtstransformation verzerrungsfrei durchgeführt werden. Eine von 1 abweichende Norm würde Fehler bei der Berechnung des Orientierungsfehlers verursachen. Die Transformation der Deformation eines Einzelarmes erhält demnach die folgende Gestalt:

$$
{}^{j,k}\mathbf{D} = \begin{bmatrix}
1 - \sqrt{\beta^2 + \gamma^2} & -\gamma & \beta & \Delta x \\
\gamma & 1 - \sqrt{\alpha^2 + \gamma^2} & -\alpha & \Delta y \\
-\beta & \alpha & 1 - \sqrt{\alpha^2 + \beta^2} & \Delta z \\
0 & 0 & 0 & 1
\end{bmatrix}
\tag{5.20}
$$

5.2.2 Betrachtung der Vorwärtstransformation auf Geschwindigkeitsebene

Die Vorwärtstransformation kann auch auf Geschwindigkeitsebene oder inkrementell betrachtet werden. Die inkrementelle Transformation der Gelenkwinkeldifferenten $\Delta\Theta$ auf die Verschiebung der Koordinaten des TCP $\Delta\mathbf{X}$ kann als

$$
\Delta\mathbf{X} = \mathbf{J}\Delta\Theta
\tag{5.21}
$$

mittels der Jacobimatrix abgebildet werden. Die Jacobimatrix ist eine (n,m)-Matrix der partiellen Ableitungen der Position mit n Freiheitsgraden nach den m-Gelenkwinkeln des Manipulators

$$
\mathbf{J} = \frac{\partial \mathbf{X}}{\partial \Theta}.
\tag{5.22}
$$

Die partiellen Ableitungen können, wie in Bild (5.5) dargestellt, aus den Achsvektoren und den Verbindungsvektoren von den Gelenken zum TCP geometrisch bestimmt werden [5.5].

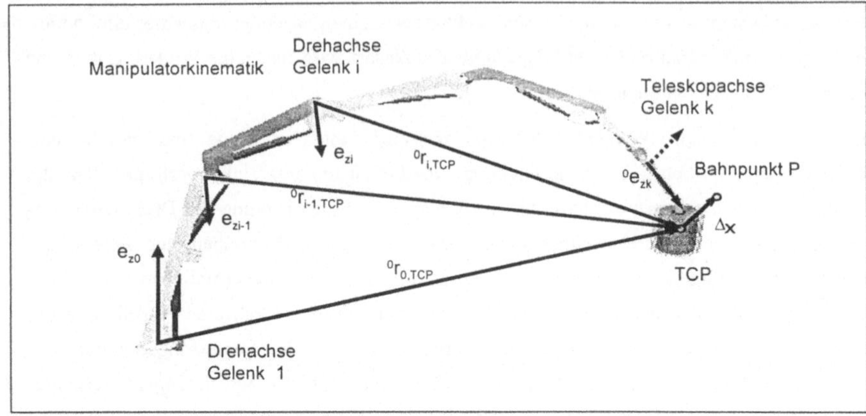

Bild 5.5:   Geometrische Bestimmung der Jacobimatrix

Die Jacobimatrix erhält für sechs Freiheitsgrade folgende Gestalt:

$$J = \left[\begin{array}{ccccc} ^0\tilde{r}_{1,TCP}\,{}^0e_{z1} & \cdots & ^0\tilde{r}_{i,TCP}\,{}^0e_{zi} & \cdots & ^0e_{(TCP-2)z} \quad ^0\tilde{r}_{TCP-1,TCP}\,{}^0e_{(TCP-1)z} \\ \hline ^0e_{1z} & \cdots & ^0e_{iz} & \cdots & 0 \qquad\qquad ^0e_{(TCP-1)z} \end{array} \right], \qquad (5.23)$$

$$\text{Drehachsen} \qquad\qquad \text{Teleskop} \qquad \text{Drehachse}$$

wobei für rotatorische Achsen die Terme $\left(^0\tilde{r}_{i,TCP}\,{}^0e_{zi} \right)$ das Kreuzprodukt aus der Drehachse des Gelenks i mit dem Vektor vom Gelenk i zum TCP darstellen und für translatorische Achsen existiert nur ein Verschiebeanteil entlang der Achse. Diese Form der Jakobimatrix kann numerisch einfach behandelt werden.

5.2.3 Berechnung der Jacobimatrix und deren verallgemeinerter Inversen

Die gewichtete, verallgemeinerte Inverse der Jacobimatrix wird berechnet zu [5.6] [5.7]

$$J_Q^+ = Q^{-1}J\left(JQ^{-1}J^T\right)^{-1}, \qquad (5.24)$$

wobei die (n,n)-Gewichtungsmatrix Q Diagonalgestalt besitzt:

$$Q = \begin{bmatrix} Q_{11} & 0 & \cdots & 0 \\ 0 & Q_{22} & \cdots & 0 \\ \vdots & \vdots & \ddots & \vdots \\ 0 & 0 & \cdots & Q_{nn} \end{bmatrix} \qquad (5.25)$$

Die Gewichtung bei der Berechnung der verallgemeinerten Inversen bewirkt eine Dämpfung der einzelnen Gelenke. Je größer der Wert von Q_{ii}, desto stärker wirkt die Dämpfung auf das

Gelenk i. Dadurch wird die Veränderung des Gelenkwinkels durch die Dämpfung Q_{ii} bei der Transformation kleiner werden. Der Null-Raum der Jacobimatrix ergibt sich zu [5.8]:

$$\mathbf{J_{QN}} = \left(\mathbf{E} - \mathbf{J_Q^+ J}\right) \mathbf{Q}^{-1} \tag{5.26}$$

Dieser Term beschreibt eine Eigenbewegung des Manipulators, ohne den TCP zu verschieben.

5.2.4 Verfahren der Rückwärtstransformation

Die Rückwärtstransformation hat die Aufgabe, aus einer vorgegebenen Position des TCP die dazugehörigen Gelenkwinkel zu berechnen. Wichtig ist hierbei, ein reproduzierbares Ergebnis zu erhalten. Für einen redundanten Manipulator kann keine explizite Rückwärtstransformation angegeben werden; deshalb wird eine inkrementelle Rückwärtstransformation mit gewichteter least-square Bedingung verwendet. Ein least-square Verfahren erlaubt es, diejenige Konfiguration zu finden, die von der programmierten Referenzkonfiguration minimal abweicht.

Genauso wichtig wie die strenge Reproduzierbarkeit ist eine effiziente Behandlung der Geschwindigkeits- und Schwenkwinkelbegrenzungen der Achsen. Die Rückwärtstransformation läßt sich zurückführen auf eine Regelungsaufgabe, wobei die programmierte Konfiguration und Soll-Position des TCP als Startwerte aufgefaßt werden und dann der Positionsfehler ausgeregelt wird. Das Blockschaltbild für diese Form der Rückwärtstransformation ist in Bild 5.6 dargestellt.

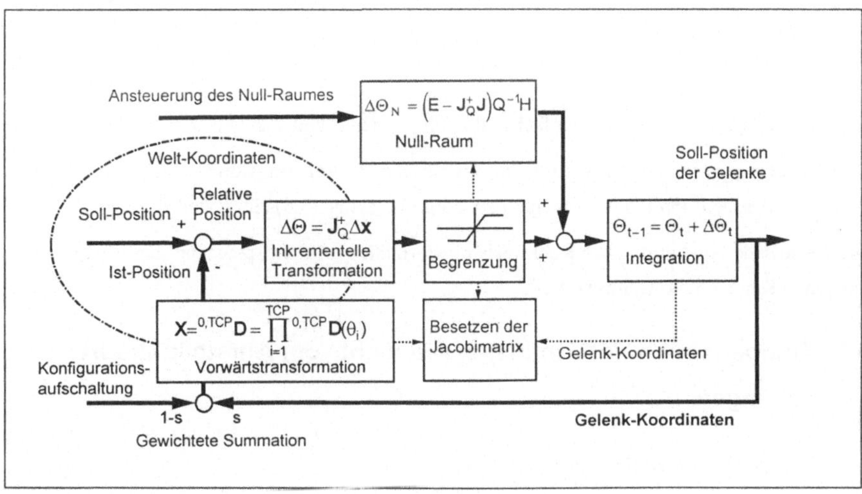

Bild 5.6:   Blockschaltbild der Rückwärtstransformation

Das Kernstück der Rückwärtstransformation bildet die inkrementelle Transformation:

$$\Delta \mathbf{x} = \mathbf{J} \Delta \Theta \tag{5.27}$$

einer Abbildung der Gelenkwinkeldifferenten $\Delta \theta$ auf die Verschiebung der Koordinaten des TCP's $\Delta \mathbf{X}$ mittels der Jacobimatrix aus Gleichung (5.22). Diese Verschiebung $\Delta \mathbf{X}$ am Summenpunkt des Reglers setzt sich aus zwei Anteilen zusammen, einer Verschiebung und einer Drehung. Durch die Verwendung der verallgemeinerten Inversen kann obige Beziehung nach den Gelenkwinkeldifferenzen aufgelöst werden. Man erhält die Gleichung:

$$\Delta \Theta = \mathbf{J}_Q^+ \Delta \mathbf{x} + \left(\mathbf{E} - \mathbf{J}_Q^+ \mathbf{J} \right) \mathbf{Q}^{-1} \mathbf{H} \tag{5.28}$$

mit einem beliebigen Vektor $\mathbf{H}$ zur Ansteuerung des Null-Raums. Die beste Reproduzierbarkeit der Konfiguration wird im mittleren Schwenkwinkelbereich erreicht, wenn der Null-Raum nicht angesteuert wird mit $\mathbf{H} = \mathbf{0}$. Im Bereich der lokalen Schwenkwinkelbegrenzungen kann allerdings nur durch die Ansteuerung des Null-Raumes eine bessere Konvergenz erzielt werden. Optimierungen für die Konfiguration unter Verwendung des Null-Raums werden bereits bei der Off-Line-Programmierung eingesetzt, um gleichmäßige Bewegungsvorgaben zu erzeugen.

Die absoluten Gelenkwinkel zum Zeitindex t+1 erhält man nach einer numerischen Integration der Gelenkwinkeldifferenzen $\Delta \Theta_t$ nach Euler [5.9]:

$$\Theta_{t+1} = \Theta_t + \Delta \Theta_t , \tag{5.29}$$

wobei diese Integration nur eine einfache, aber hinreichende und stabile Näherung darstellt.

Im Rückführungszweig der Transformation wird eine Vorwärtstransformation, unter Berücksichtigung der Deformation des Manipulators, aus Gleichung (5.6) eingebunden.

Die spezifische Ausführung der Rückwärtstransformation wird entsprechend den Randbedingungen in Kapitel 5.5.6 weiter vertieft.

5.3 Kompensation der Einflüsse, die nicht vom Aufstellungsort abhängen

5.3.1 Kompensation allgemeiner Einflüsse

Die in Kapitel 4 beschriebenen Fehlergrößen können teilweise kompensiert werden. Die Fehlerkompensation wird in mehrere Gruppen gegliedert. Zunächst werden Fehler kompensiert, die bereits vor Beginn der Wäsche größenmäßig bekannt sind. Dies sind systembedingte Fehler, die sich aus der Kalibration des Manipulators ergeben.

Eine Kompensation der Kalibrierungsdaten findet auf dem Bordrechner statt, da nur hier die komplette kalibrierte Kinematikbeschreibung vorliegt. Auf der Bewegungssteuerung können als Kalibrationsgrößen nur die DH-Parameter und Gelenkwinkelverschiebungen eingestellt werden. Die Kompensation geschieht über die statischen Gelenktransformationsmatritzen des Eingangssystems, die sich aus den DH-Parametern und den Kalibrierungsablagen für ein Drehgelenk in nicht transponierter Form wie folgt bestimmen lassen:

$$
{}^{l,k}D = \underbrace{\begin{bmatrix} 1 & 0 & 0 & x \\ 0 & c\alpha & -s\alpha & y \\ 0 & s\alpha & c\alpha & z \\ 0 & 0 & 0 & 1 \end{bmatrix}}_{\text{Eingangssystem}} \underbrace{\begin{bmatrix} 1-\sqrt{\gamma^2+\beta^2} & -\gamma & \beta & \Delta x \\ \gamma & 1-\sqrt{\gamma^2+\alpha^2} & -\alpha & \Delta y \\ -\beta & \alpha & 1-\sqrt{\beta^2+\alpha^2} & \Delta z \\ 0 & 0 & 0 & 1 \end{bmatrix}}_{\text{Deformation}} \underbrace{\begin{bmatrix} c\theta & -s\theta & 0 & 0 \\ s\theta & c\theta & 0 & 0 \\ 0 & 0 & 1 & 0 \\ 0 & 0 & 0 & 1 \end{bmatrix}}_{\text{Ausgangssystem}} \quad (5.30)
$$

wobei die Transformationsmatrix in den Diagonalelementen wieder normiert werden muß.

Faktoren, die den gegenwärtigen Zustand des Manipulators beschreiben, wie etwa eine Temperaturabhängigkeit, sind von untergeordneter Bedeutung und schwer zu erfassen. Eine Kompensation wird nicht durchgeführt.

Im zweiten Schritt können Fehler kompensiert werden, die von der relativen Lage des Manipulators zum Flugzeug abhängen und keine dynamischen Komponenten besitzen. Diese Kompensation ist im folgenden Abschnitt beschrieben.

Schließlich können Fehler behandelt werden, die Ungenauigkeiten in der Modellierung sowie dynamische Effekte kompensieren. Eine zusätzliche Sensorrückführung ist notwendig. Diese Kompensation wird im nächsten Kapitel beschrieben.

5.3.2 Kalibrierung des Manipulators

Die Kalibrierung des Manipulators hat zum Ziel, die Abweichung einer Off-Line programmierten Trajektorie zur real gefahrenen Trajektorie zu minimieren. In die Kalibrierung werden die kinematischen Parameter des Manipulators, die systematischen Fehler bei der Einmessung mit der EBK, sowie die Modellfehler der Deformationskompensation der Manipulatorkinematik einbezogen.

Durchgeführt wird die Kalibrierung mit einem Referenzobjekt. Die relative Lage des Referenzobjekts zur Manipulatorbasis wird wie in Bild 5.7 dargestellt durch die EBK erfaßt.

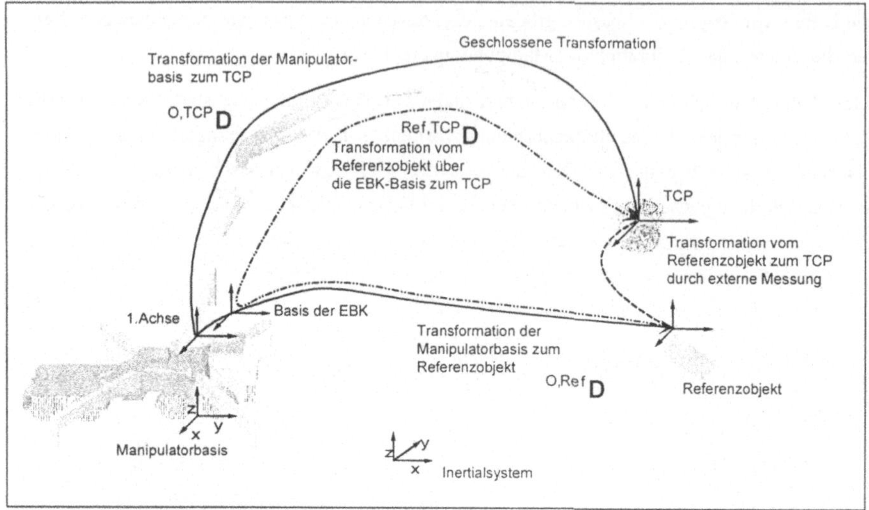

Bild 5.7: Koordinatensysteme der Kalibration

Die Koordinaten des TCP's werden für verschiedene Konfigurationen im Koordinatensystem des Prüfkörpers gemessen.

Für die Transformation vom Basissystem zum Koordinatensystem des TCP's ergibt sich:

$$^{0,TCP}\mathbf{D} = \prod_{i=1}^{TCP} {}^{i-1,i}\mathbf{D} \tag{5.31}$$

Die Transformation vom Basissystem des Manipulators zum Koordinatensystem des Meßobjektes ergibt sich zu:

$$^{0,Ref}\mathbf{D} = {}^{0,1}\mathbf{D}\ {}^{1,SO}\mathbf{D}\ {}^{SO,Ref}\mathbf{D} \tag{5.32}$$

Daraus folgt die Transformation vom Meßobjekt zum TCP als:

$$^{Ref,TCP}\mathbf{D} = \left(^{0,Ref}\mathbf{D}\right)^{-1}\ {}^{0,TCP}\mathbf{D} \tag{5.33}$$

Aus der Transformation $^{Ref,TCP}\mathbf{D}$ wird der translatorische Anteil $^{0}r_{Ref_i,TCP_i}$ für jeden Meßpunkt i herausgenommen und die Differenz mit den entsprechenden gemessenen Größen $^{0}\hat{r}_{Ref_i,TCP_i}$ berechnet. Dadurch wird eine geschlossene kinematische Kette gebildet, für die eine Fehlerrechnung durchgeführt werden kann. Der größte Fehler entsteht durch falsche

Nullagen der Gelenke. Durch eine systematische Variation der Nullagenverschiebung der Gelenke kann der Positionsfehler am TCP verringert werden.

Zur Optimierung der Nullagen wird das Optimierungsverfahren nach Jacob [5.10] eingesetzt, wobei für die Kalibrierung das folgende Gütefunktional angesetzt wird:

$$\sum_{i=0}^{n} \left(\left\| {}^{0}r_{Ref_i,TCP_i} \right\| - \left\| {}^{0}\hat{r}_{Ref_i,TCP_i} \right\| \right)^2 \overset{!}{=} \min$$

Die Minimierung dieses Funktionals für n Meßpunkte im Raum bewirkt, daß im betrachteten Arbeitsraum die Positionsfehler des TCP relativ zum angemessenen Objekt minimal werden. Dies kommt der Forderung der Bestapproximation des Flugzeugs mit Modell für die Off-Line-Programmierung am nächsten. Alle Transformationen werden mit Berücksichtigung der Deformation durchgeführt. Diese Vorgehensweise gewährleistet, daß ein günstiger Parametersatz für das verwendete Modell gefunden werden kann.

Die Kalibrierung des Manipulators wird unter Einbeziehung des Modells des Flugzeuges durchgeführt, denn die EBK benutzt zum Einmessen seinerseits das Modell des Flugzeuges, das für die Off-Line-Programmierung verwendet wird.

5.4 Kompensation der Manipulatordeformation

5.4.1 Erstellen eines Ersatzmodells

Zur Kompensation der Deformation des Manipulators wird ein Ersatzmodell erstellt. Die Transformation von Gelenk zu Gelenk wird erweitert. Ein elastisches Element wird eingefügt. Entscheidend für die Transformation ist nur der Übergang vom Gelenk i-1 zum Gelenk i.

Das Element kann durch ein verallgemeinertes Balkenelement beschrieben werden. Zunächst müssen für jedes Balkenelement die wirkenden Kräfte und Momente bestimmt werden. Daraus kann für jeden Arm die Deformation berechnet werden. Bild 5.8 veranschaulicht die Koordinaten und Elemente zur Deformationsrechnung.

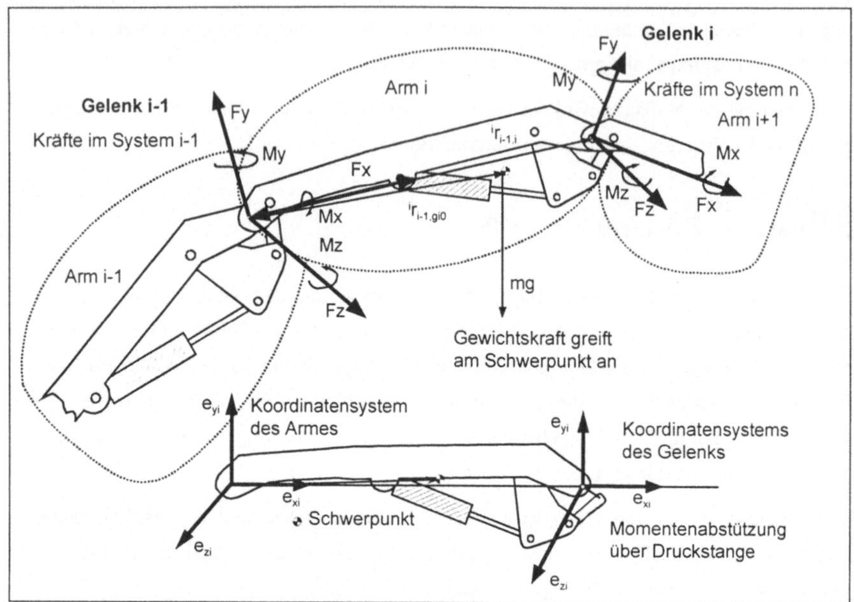

Bild 5.8:   Ersatzmodell zur Deformationskompensation

5.4.2 Kraftrechnung am Manipulator

Zur Bestimmung der wirkenden Kräfte wird das Gelenk freigeschnitten. Für den Arm kann das Kräftegleichgewicht angesetzt werden:

$$\sum F_i = 0 \quad , \quad \sum M_i = 0 \; .$$
(5.34)

Die Kraft am Gelenk **i-1** berechnet sich aus der Kraft am Gelenk **i** und einem Anteil, der durch das Gewicht des Armes **i** verursacht wird. Das Kräftegleichgewicht erhält für den vorliegenden Fall die folgende Gestalt:

$$\begin{bmatrix} E & 0 \\ 0 & E \end{bmatrix}^i \begin{bmatrix} F \\ M \end{bmatrix}_{i-1} - \begin{bmatrix} E & 0 \\ {}^i\tilde{r}_{i-1,i} & E \end{bmatrix}^i \begin{bmatrix} F \\ M \end{bmatrix}_i - \begin{bmatrix} E \\ {}^i\tilde{r}_{i-1,g_{i0}} \end{bmatrix}^i \begin{bmatrix} 0 \\ 0 \\ m_i g \end{bmatrix} = 0$$
(5.35)

$$\underbrace{}_{\substack{\text{Kraft und Moment} \\ \text{am Gelenk i-1}}} \qquad \underbrace{}_{\substack{\text{Kraft und Moment} \\ \text{am Gelenk i}}} \qquad \underbrace{}_{\substack{\text{Kraft und Moment durch} \\ \text{Eigengewicht des Armes i}}}$$

Hier sind alle Kräfte und Koordinaten im System **i** dargestellt. Für die rekursive Berechnung der Kräfte am Manipulator ist es zweckmäßig, die Kraft am Gelenk **i-1** auch in den Koordinaten des Gelenks i-1 darzustellen und den Kraftanteil, der durch die Schwerkraft verursacht wird, im Basissystem. Wird in Gleichung (5.33) die Transformation der Kraft am Gelenk i-1 ins System i-1 durchgeführt und die Gleichung für eine rekursive Berechnung umgeformt, kann die Kraftübertragung am Gelenk folgendermaßen dargestellt werden:

$$\underset{i-1}{\begin{bmatrix} F_x \\ F_y \\ F_z \\ M_x \\ M_y \\ M_z \end{bmatrix}}_{i-1} = \underbrace{\left[\begin{array}{c|c} {}^{i-1,i}\mathbf{T} & 0 \\ \hline {}^{i-1,i}\mathbf{T} \cdot {}^{i}\tilde{\mathbf{r}}_{i-1,i} & {}^{i-1,i}\mathbf{T} \end{array}\right] \begin{bmatrix} F_x \\ F_y \\ F_z \\ M_x \\ M_y \\ M_z \end{bmatrix}_{i}}_{\text{Kraftübertragung am Gelenk}} + \underbrace{\left[\begin{array}{c} {}^{0,i}\mathbf{T} \\ \hline {}^{0,i}\mathbf{T} \cdot {}^{i}\tilde{\mathbf{r}}_{i-1,gi0} \end{array}\right] {}^{0}\begin{bmatrix} 0 \\ 0 \\ m_i g \end{bmatrix}}_{\text{Kraftübertragung durch Eigengewicht}} \qquad (5.36)$$

Dabei wird die Kraftübertragung im lokalen System durchgeführt und der Gewichtsanteil im Inertialsystem. Die Vektoren $\mathbf{r}_{i-1,i}$ definieren die Hebelarme zur Berechnung der Momente und $\mathbf{r}_{i,g0}$ beschreibt die Lage des Schwerpunktes eines Armes.

5.4.3 Deformationsrechnung am Manipulatorarm

Die Deformation des Armes ist abhängig vom aktuellen Gelenkwinkel sowie den wirkenden Kräften und Momenten. Dieses Verhalten wird mit den Eigenschaften eines speziellen Deformationselements beschrieben. Der gesamte Arm wird als ein verallgemeinertes Balkenelement betrachtet, an dessen Ende ein 6 parametriger Kraftvektor $\mathbf{F}$ wirkt, der eine 6 parametrige Verschiebung $\Delta\mathbf{x}$ bewirkt. In Bild 5.9 ist der Zusammenhang zwischen Kraft $\mathbf{F}$ und Verschiebung $\Delta\mathbf{x}$ dargestellt:

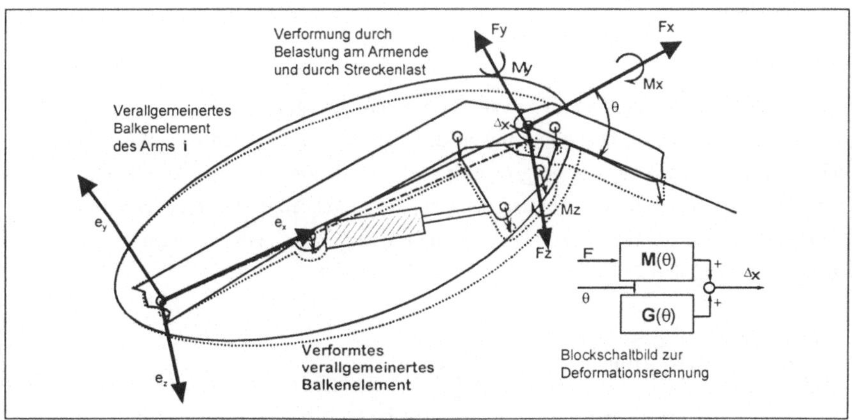

Bild 5.9:   Deformationsrechnung am Einzelarm

- 70 -

Die Deformationsrechnung am Einzelarm kann folgendermaßen dargestellt werden:

$$
{}^{I}\begin{bmatrix} \Delta x \\ \Delta y \\ \dfrac{\Delta z}{a} \\ b \\ c \end{bmatrix}_{I} = {}^{I}\mathbf{M} \underbrace{{}^{I}\begin{bmatrix} F_x \\ F_y \\ F_z \\ M_x \\ M_y \\ M_z \end{bmatrix}_{I}}_{\substack{\text{Verformung durch Kraft} \\ \text{am Balkenende}}} + \underbrace{{}^{I}\mathbf{G}_{I}}_{\substack{\text{Verformung durch Eigengewicht} \\ \text{als Streckenlast}}} \quad , \tag{5.37}
$$

wobei die Matrix $\mathbf{M}$ die Deformation durch eine Kraft am Balkenende beschreibt und die Matrix $\mathbf{G}$ die Deformation des Armes, verursacht durch eine Streckenlast über die Balkenlänge, die dem Eigengewicht des Armes entspricht.

Die Matrix $\mathbf{M}$ muß dabei im Koordinatensystem des Gelenkes dargestellt sein. Für den betrachteten Manipulator sind allerdings das Balkenkoordinatensystem des Armes und das der dazugehörigen Gelenke nicht identisch. Das Balkenkoordinatensystem wird immer so gelegt, daß die neutrale Faser des Balkens die x-Achse des Balkenkoordinatensystemes darstellt.

Die Matrix $\mathbf{M}$ muß daher auf das entsprechende Gelenkkoordinatensystem transformiert werden. Da die Koordinatensysteme des Balkens und des Gelenkes nicht gegeneinander verschoben sind, kann die Transformation mit

$$
{}^{I}\mathbf{M} = \begin{bmatrix} {}^{I,a}\mathbf{T} & 0 \\ 0 & {}^{I,a}\mathbf{T} \end{bmatrix} {}^{a}\mathbf{M} \begin{bmatrix} {}^{a,I}\mathbf{T} & 0 \\ 0 & {}^{a,I}\mathbf{T} \end{bmatrix} \tag{5.38}
$$

durchgeführt werden.

Für eine effiziente und hinreichend genaue Berechnung genügt es, nur die wesentlichen Einflüsse zu berücksichtigen. Die Abhängigkeit der Deformation von den Gelenkwinkeln wird durch Polynome aus Daten einer geometrischen Simulation der Gelenkkinematik [5.11] approximiert. Im Intervall zwischen den Schwenkwinkelgrenzen eines Gelenkes wird ein Polynom gesucht, das von dem durch die Simulation bestimmten Verhalten minimal abweicht. Dazu wird ein Funktional

$$
S = \sum_{i=1}^{n_0} p_i \left(y_i - P(x) \right)^2 = \min \quad , \quad P_n(x) = \sum_{I=0}^{n} a_I x^2 \tag{5.39}
$$

für die Simulationsergebnisse y_i mit n_0 Stützpunkten angesetzt, wobei $P(x)$ die zu approximierende Funktion und p geeignete Gewichte darstellen. Die Gewichtung muß in den Randbereichen des Intervalls stärker sein, da hier durch die Approximation die Polynome größere Fehler haben.

Einige Lastfälle werden hierbei vernachlässigt, da sie zur Gesamtdeformation nur einen sehr geringen Beitrag leisten. Die Besetzung der Matrix hängt von den D-H Parametern der Achse ab. Es entsteht für die Grundachsen 2 bis 5, die keine Verdrillung besitzen, die Gestalt:

$$
M = \left[\begin{array}{ccc|ccc}
m_{11} & m_{12} & m_{13} & 0 & m_{15} & m_{16} \\
m_{21} & m_{22} & 0 & 0 & 0 & m_{26} \\
m_{32} & 0 & m_{33} & 0 & m_{35} & 0 \\
\hline
0 & m_{42} & m_{43} & m_{44} & 0 & 0 \\
0 & m_{52} & m_{53} & 0 & m_{55} & 0 \\
m_{61} & m_{62} & 0 & 0 & 0 & m_{66}
\end{array}\right]
\qquad
G = \left[\begin{array}{c}
g_1 \\
g_2 \\
0 \\
\hline
0 \\
0 \\
g_6
\end{array}\right]
\qquad (5.40)
$$

mit den Koeffizienten $m_{ik} = P_{i,k}(\theta_i)$ aus der Balkenstatik für die jeweiligen Biegefälle. Das Balkengewicht wirkt sich in diesem Fall nur in der x- und y-Richtung aus sowie als Moment um die z-Achse. Bei anderen Achsen werden teilweise andere Matrixelemente besetzt. Mit diesem Verfahren erhält man eine einfache schnell auszuwertende Näherung für die Manipulatordeformation. Durch Kalibrierung der Matrixelemente kann damit der reale Manipulator gut modelliert werden.

5.4.4 Bestimmung der Lage des Werkzeuges unter Berücksichtigung der Deformation

Die Lage des TCP wird über die Vorwärtstransformation bestimmt. Zunächst müssen allerdings die Matritzen der Deformationstransformation besetzt sein. Daher muß erst eine Näherung für die Lage der Gelenke im Raum gefunden werden, um die Kraftrechnung durchzuführen. Dies geschieht durch die Vorwärtstransformation ohne Deformation. Danach können die Lastbestimmung durchgeführt und die Deformations-Transformationsmatrizen besetzt werden. Von der Manipulatorbasis wird dann die Vorwärtstransformation rekursiv bis zum TCP durchgeführt.

Eine höhere Genauigkeit und bessere Effizienz der Berechnung erhält man, wenn die näherungsweise Lagebestimmung nicht ohne Deformation durchgeführt wird, sondern die Deformationstransformation des vorhergehenden Punktes verwendet. Obwohl diese Vorgehensweise nur eine 1.Näherung darstellt, kann ein Großteil der Deformation kompensiert werden. Für eine exaktere Kompensation der Deformation müssen auch wesentlich exaktere Modelle verwendet werden. Der Einsatz von komplexen FE-Modellen mit meßtechnischer Verifizierung wird dann unerläßlich.

5.5 Kompensation der relativen Lage

5.5.1 Transformationen zur Bestimmung der relativen Lage

Bei der Off-Line-Programmierung werden Programme für eine bestimmte Referenzposition erzeugt. Zweckmäßigerweise werden die Koordinaten der Bahnpunkte dann in Flugzeugkoordinaten abgelegt. Sie müssen auf Manipulatorkoordinaten umgerechnet werden. Berücksichtigt werden muß dabei das Ergebnis der Einmessung des Manipulators durch die EBK.

Es ergibt sich folgende Transformation:

$$
^{0,P[i]}\mathbf{D} = \left[\left(^{F0,P[i]}\mathbf{D} \right)^{-1} {}^{F0,0}\mathbf{D} \right]^{-1} \quad .
\tag{5.41}
$$

Dabei stellt $^{F0,P[i]}\mathbf{D}$ die Transformation des Flugzeugkoordinatensystems zum Bahnpunkt $\mathbf{P}[i]$ dar und $^{F0,0}\mathbf{D}$ die Transformation des eingemessenen Flugzeugs zum Basissystem des Manipulators. $^{F0,P[i]}\mathbf{D}$ wird durch die Off-Line-Programmierung vorgegeben und $^{F0,0}\mathbf{D}$ von der EBK geliefert, so daß die Transformation in Gleichung (5.43) einfach durchführbar ist.

5.5.2 Auswahl des Aufstellungsrasters und die Vorkompensation der Drehlage

Entspricht die Drehlage der Aufstellung nicht exakt der Referenzlage, kann dies zu großen Positionsfehlern am TCP kommen. Eine Ablage im Drehwinkel läßt sich einfach kompensieren, indem die Ablage auf den Drehwinkel der Sollkonfiguration aufaddiert wird. Damit erhält man eine gute Basis zur sicheren Kompensation des Restfehlers. Um die geforderte Kollisionssicherheit in einem Aufstellradius von 1,5 Metern zu erzielen, wird ein Raster über den Aufstellkreis gelegt. In Bild 5.10 ist das Aufstellungsraster mit einem Rastermaß von 25 cm dargestellt.

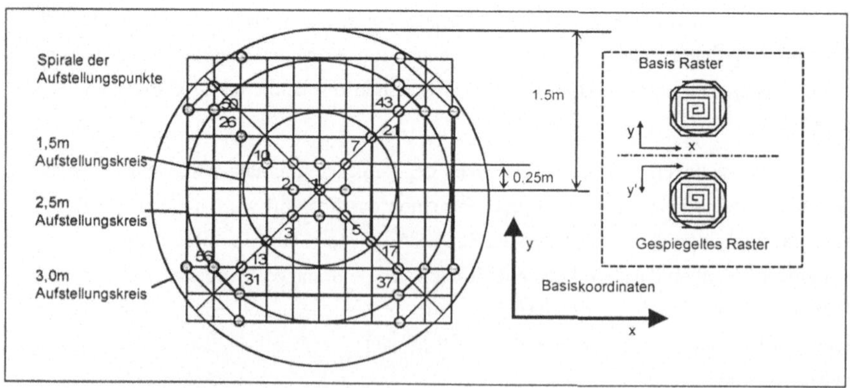

Bild 5.10:   Raster der Aufstellpositionen

Für jeden Rasterpunkt sind Konfigurationen berechnet, die Off-Line auf Kollisionsfreiheit geprüft werden. Es wird ein Mindestabstand von 0,5 m sichergestellt. Die dadurch entstehende große Überdeckung stellt sicher, daß auch zwischen den Rasterpunkten liegende Aufstellungspositionen kollisionsfrei sind. Die Größe des Rastermaßes ist so gewählt, daß sie in der Größenordnung des verbleibenden Restfehlers liegt. Ein dichteres Raster würde die Datenmenge wesentlich erhöhen und keine besseren Ergebnisse liefern, da die Ungenauigkeiten dann die Rastergröße überschreiten.

5.5.3 Spiegelung der Aufstellung

Das Flugzeug ist spiegelsymmetrisch zu seiner Längsachse (x,z-Ebene). Daher genügt es, die Programmdaten nur für eine Seite bereitzustellen. Die Programme für die andere Seite werden gespiegelt. Es müssen sowohl die Koordinaten der Bahnpunkte, als auch die Konfigurationen gespiegelt werden. Wird ein Koordinatensystem an einer Ebene gespiegelt, wird aus einem Rechtssystem ein Linkssystem. Die Spiegelung der Koordinaten eines Bahnpunktes wird deshalb definiert als:

$$\begin{bmatrix} e_{x1} & e_{y1} & e_{z1} & r_x \\ e_{x2} & e_{y2} & e_{z2} & r_x \\ e_{x3} & e_{y3} & e_{z3} & r_x \\ \hline 0 & 0 & 0 & 1 \end{bmatrix} \Rightarrow \begin{bmatrix} e_{x1} & -e_{y1} & e_{z1} & r_x \\ -e_{x2} & e_{y2} & -e_{z2} & -r_y \\ e_{x3} & -e_{y3} & e_{z3} & r_z \\ \hline 0 & 0 & 0 & 1 \end{bmatrix} \tag{5.42}$$

Diese Form wird erzeugt durch die Spiegelung der y-Koordinaten und anschließenden Vorzeichenwechsel der y-Achse e_y zur Rekonstruktion des Rechtssystems. Die Manipulatorkonfiguration kann nicht für jede kinematische Kette explizit durchgeführt werden. Im wesentlichen wird die Spiegelfähigkeit von den kinematischen Parametern bestimmt. Bei der eingesetzten kinematischen Kette ist die Spiegelfähigkeit gegeben, da der Schnittpunkt der Handachsen keine Versätze in y-Richtung des Manipulatorbasissystems aufweist. Bei der Spiegelung der Konfiguration müssen einzelne Gelenkwinkel ihr Vorzeichen wechseln. Wird in einem raumfesten Koordinatensystem gespiegelt, ändern sich die Vorzeichen aller Gelenkwinkel, deren Drehachse bei der Spiegelung ihre Richtung nicht ändert. Die kinematische Kette des verwendeten Manipulators läßt sich folgendermaßen spiegeln:

$$\begin{array}{l} (\ \theta_1 \quad \theta_2 \quad \theta_3 \quad \theta_4 \quad \theta_5 \quad \theta_6 \ \left| \ \theta_7 \quad \theta_8 \quad \theta_9 \ \right| \ \theta_{10} \quad \theta_{11} \ \left| \ \theta_{12} \ \right) \Rightarrow \\ (-\theta_1 \quad \theta_2 \quad \theta_3 \quad \theta_4 \quad \theta_5 \quad \theta_6 \ \left| -\theta_7 \quad \theta_8 \ -\theta_9 \ \right| \ \theta_{10} \quad \theta_{11} \ \left| -\theta_{12} \ \right) \\ \underbrace{\qquad\qquad\qquad\qquad\qquad}_{\text{Grundachsen}} \quad \underbrace{\qquad\qquad\quad}_{\text{Handachsen}} \quad \underbrace{\quad}_{\substack{\text{Adaptions-}\\\text{achsen}}} \underbrace{\quad}_{\text{Burste}} \end{array} \tag{5.43}$$

Diese einfache Vorschrift läßt sich anwenden, da die Schwenkwinkelbereiche der Achsen, deren Winkel das Vorzeichen ändern, symmetrisch sind. Die durchgeführte Kollisionsbetrachtung gilt bei der verwendeten Kinematik auch für die gespiegelte Aufstellung.

5.5.4 Auswahl der relevanten Gelenke und Berechnen der Jacobimatrix

Für die Rückwärtstransformation werden in der Regel nicht alle Gelenke herangezogen. Eine bessere Konvergenz kann erzielt werden, wenn nur Gelenke ausgewählt werden, mit denen sich die relative Positionsverschiebung leicht durchführen läßt. Auswahlkriterien relevanter Gelenke sind:

❑ Die Winkelstellung der Achse ist nicht an lokaler Schwenkwinkelbegrenzung

❑ Die Norm des Vektors zum Eintrag in die Jacobimatrix ist groß

❑ Der benötigte Ölvolumenstrom einer Achse

Die zweite Bedingung ist ein Maß für die Manipulierbarkeit des Manipulators [5.12]. Sie kann aus der Jacobimatrix $\mathbf{J}$ und einer Gewichtungsmatrix $\mathbf{W}$ bestimmt werden mit:

$$v_M = \sqrt{\det\left(\mathbf{J}\mathbf{W}\mathbf{W}^T\mathbf{J}^T\right)} \ . \tag{5.44}$$

Die Gewichtungsmatrix $\mathbf{W}$ stellt eine Normierungsbedingung dar und hat die Gestalt:

$$\mathbf{W} = \mathrm{diag}\left(\dot{\theta}_{1,max} \ \cdots \ \dot{\theta}_{i,max} \ \cdots \ \dot{\theta}_{n,max}\right) \ . \tag{5.45}$$

Bewegt sich der Manipulator in Richtung einer Singularität, so geht der Wert v_M gegen Null. Ein etwas anderes Kriterium ergibt sich bei gegebener Jacobimatrix und gegebener Verfahrrichtung. Ein Wert v_i für die Manipulierbarkeit berechnet sich aus dem Skalarprodukt der Positionsverschiebung Δx und dem Eintrag des Vektors in die Jacobimatrix $\dfrac{\delta \mathbf{x}}{\delta \theta_i}$ zu

$$v_i = \left({}^i\tilde{\mathbf{r}}_{TCP}\mathbf{e}_{iz}\right) \Delta x_i \ . \tag{5.46}$$

Je größer der Wert v_i, desto größer wird der mögliche Beitrag des Gelenks i zur geforderten Kompensation. Daduch ist es möglich, mit kleinen Winkeländerungen zu kompensieren und dadurch auch den Ölvolumenstrom klein zu halten. Der Ölvolumenstrom wird aus der Gelenkwinkeldifferenz und daher auch für v folgendermaßen bestimmt:

$$\dot{Q}_i = k_q \left(\frac{\delta \theta}{\delta s}\right)^{-1}_{i,\theta_0} v_i \tag{5.47}$$

Dabei ist der Koeffizient k_q von den geometrischen Größen des Hydraulikzylinders abhängig und die Gelenkverstärkung, (die Ableitung des Gelenkwinkels θ nach dem Zylinderhub s), von der Position der Achse.

Die steuerbaren Gelenkwinkel werden auf die Gelenke der kinematischen Kette abgebildet. Ebenso wird die Jacobimatrix nur für ausgewählte Gelenke besetzt. Auch hier gibt es eine Abbildung der partiellen Ableitungen der TCP-Verschiebung nach den Gelenkwinkeln auf die

Jacobimatrix. Das Bild 5.11 veranschaulicht die Auswahl der relevanten Gelenke und den Eintrag in die Jacobimatrix.

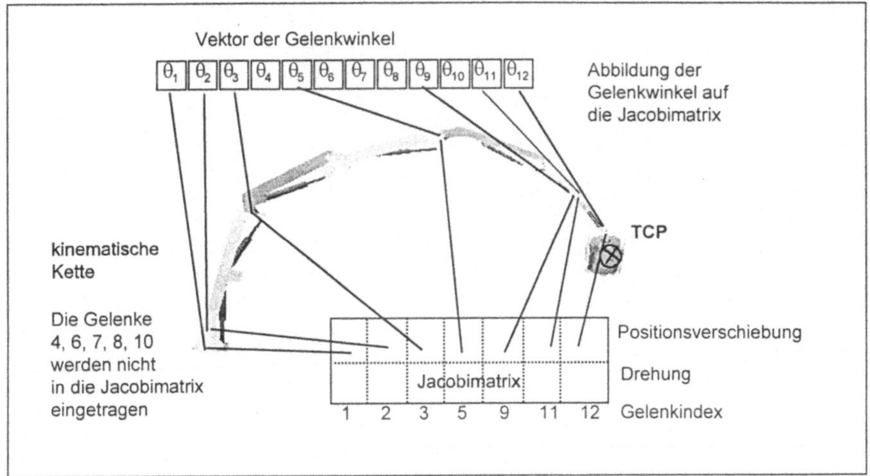

Bild 5.11:   Abbildung der Gelenkwinkel auf die Jacobimatrix

Aus der so aufgestellten Jacobimatrix werden die verallgemeinerte Inverse und der Null-Raum berechnet.

Würde eine Gelenkwinkelverschiebung bei der Aufsummation die Schwenkwinkelbegrenzungen verletzen, wird an dieser Stelle durch den Null-Raum gegengesteuert mit:

$$H_i = \theta_{max,i} - (\theta_i + \Delta\theta_i) \quad \text{für} \quad (\theta_{max,i} - (\theta_i + \Delta\theta_i)) > 0$$
$$H_i = \theta_{min,i} - (\theta_i + \Delta\theta_i) \quad \text{für} \quad (\theta_{min,i} - (\theta_i + \Delta\theta_i)) < 0 \qquad (5.48)$$
$$H_i = 0 \qquad\qquad\qquad \text{sonst}$$

wobei als Gelenkwinkeldifferenz $\Delta\theta_i$ nur der partikuläre Anteil der Lösung aus Gleichung (5.28) verwendet wird, um minimale Gelenkwinkeländerungen zu erhalten.

5.5.5 Skalierung des Ausgangsvektors

Der Ausgangsvektor der Transformation darf die lokal gesetzten Grenzen nicht überschreiten; daher wird der Ausgangsvektor bei jedem Iterationsschritt auf die Geschwindigkeitsgrenze und auf die lokale Schwenkwinkelgrenze begrenzt. Ein stabiles Iterationsverhalten erhält man, wenn der Ausgangsvektor auf den Maximalbetrag skaliert wird.

$$\Delta\Theta = \lambda\Delta\Theta$$

(5.49)

$$\lambda = \max\begin{cases} \theta_i - \theta_{min,i} & \Leftarrow \quad \theta_i < \theta_{min,i} \\ |\Delta\theta| & \Leftarrow \quad \theta_{min,i} < \theta_i < \theta_{max,i} \\ \theta_{max,i} - \theta & \Leftarrow \quad \theta > \theta_{max,i} \end{cases} \quad \forall i \ni [1..12]$$

Durch diese Skalierungsbedingung wird die Abweichung zur Bahn verkleinert. Die relevanten Bereiche zur Gelenkwinkelauswahl und eine graphische Veranschaulichung der Ausgangs-skalierung sind in Bild 5.12 dargestellt.

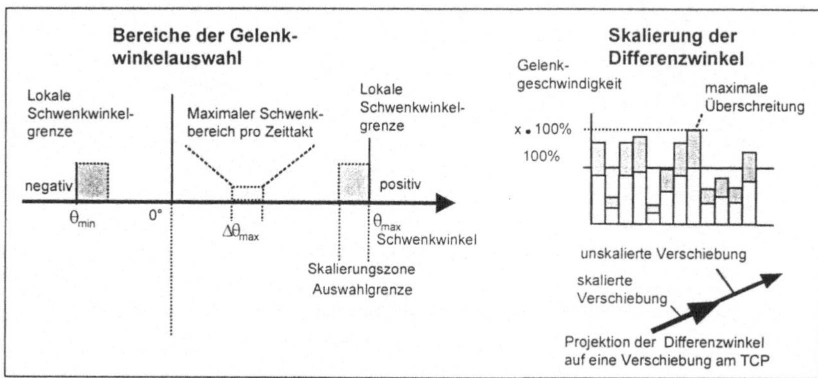

Bild 5.12:   Skalierung der Differenzwinkel

5.5.6 Transformationen zur Kompensation der relativen Lage

Bereits bei der Off-Line-Programmierung wird eine Konfiguration für den Manipulator fest-gelegt. Die Vorwärtstransformation der vorgegebenen Winkel in den nominalen Aufstellungen ergeben die Koordinaten des Bahnpunktes auf der Flugzeugoberfläche. Für diese Gelenkwin-kel (Konfiguration) wurde bereits eine Kollisionsrechnung mit der Flugzeugoberfläche durch-geführt. Die Konfigurationen sind so gewählt, daß ein Mindestabstand von 50 cm zur Flug-zeugoberfläche gegeben ist.

Die Transformation zur Kompensation der relativen Lage wird über eine inkrementelle Rück-wärtstransformation durchgeführt. Ziel dieser Kompensation ist es, durch möglichst kleine Winkelverschiebungen die Koordinaten des TCP mit den Koordinaten des Bahnpunktes zur Deckung zu bringen. Der Ablauf der Transformation wird folgendermaßen durchgeführt:

1. **Vorwärtstransformation**

   Die Vorwärtstransformation geht von der vorgegebenen Konfiguration aus und berechnet rekursiv mit Berücksichtigung der Deformation die Koordinaten aller Gelenke. Sie wird, wie in Gleichung (5.6) beschrieben, durchgeführt. Als Ergebnis liefert sie die Lage aller Gelenke im Raum einschließlich des TCP's.

2. **Bestimmen des Positions- und Orientierungsfehlers**
Aus dem Koordinatensystem des Bahnpunktes und des TCP's werden Positions- und Orientierungsfehler bestimmt. Voraussetzung ist, daß der Fehler im Vergleich zu den Dimensionen der kinematischen Kette klein bleibt. Da die maximale Abweichung von Soll- zu Ist-Koordinaten durch die Verwendung des Aufstellungsrasters immer kleiner als das Rastermaß ist, wird diese Voraussetzung erfüllt. Der Positions- und Orientierungsfehler wird in einem Vektor abgespeichert.

3. **Auswahl der relevanten Gelenke**
Kriterien für die Auswahl der relevanten Gelenke ist der Schwenkwinkel:

- ❏ Liegt der Schwenkwinkel in einer ε–Umgebung einer Schwenkwinkelbegrenzung, wird er aus der Transformation herausgenommen.
- ❏ Ist der Beitrag, den das Gelenk zur TCP-Verschiebung leisten kann, sehr gering, so wird es aus der Transformation herausgenommen (Manipulierbarkeit).
- ❏ Stehen nicht ausreichend Gelenke zur Verfügung, werden die beiden ersten Bedingungen aufgehoben.

4. **Belegen der Jacobimatrix**
Die Jacobimatrix wird entsprechend der Gelenkauswahl belegt.

5. **Berechnen der Pseudoinversen**
Es wird eine gewichtete Pseudoinverse bestimmt, wobei die Gewichtung der maximalen Gelenkgeschwindigkeiten der einzelnen Achsen angepaßt ist.

6. **Bestimmen der Gelenkwinkeländerungen**
Die Multiplikation der pseudoinversen Jacobimatrix mit dem Positions- und Orientierungsfehler liefert die Gelenkwinkelverschiebungen der ausgewählten Gelenke. Dieser Vektor wird auf den Vektor aller Gelenkverschiebungen abgebildet.

7. **Skalierung auf Maximalwerte und Aktualisierung der lokalen Gelenkwinkel**
Die Verstärkungsmatrix wird derart skaliert, daß keine Gelenkwinkeländerung deren maximalen Betrag pro Zyklus überschreitet. Die Vorgaben durch die Off-Line-Programmierung sind bereits so gewählt, daß diese Skalierung in der Regel durchführbar ist.

Die Schritte 1 bis 7 werden so lange wiederholt, bis eine festgesetzte Schranke für den Positionsfehler unterschritten wird. Durch die Wahl der Sollkonfiguration und die engen Toleranzen der Schwenkwinkel-Differenzen, wird diese Schranke in der Regel immer unterschritten. Bei extremen Ausnahmepunkten könnte der Fehler der Transformation maximal bis auf das Rastermaß der Aufstellung ansteigen. Dieser Fehler muß von der On-Line-Bahnkorrektur ausgeglichen werden. Hierbei entsteht kein Sicherheitsrisiko, da dieser Fehler immer noch in der

Toleranzgrenze der Notabschaltung liegt. In der Praxis ist ein derart großer Fehler bei einer fehlerfreien Programmvorgabe allerdings noch nie aufgetreten. In Bild 5.13 ist nochmals der Ablauf der Lagekompensation graphisch dargestellt.

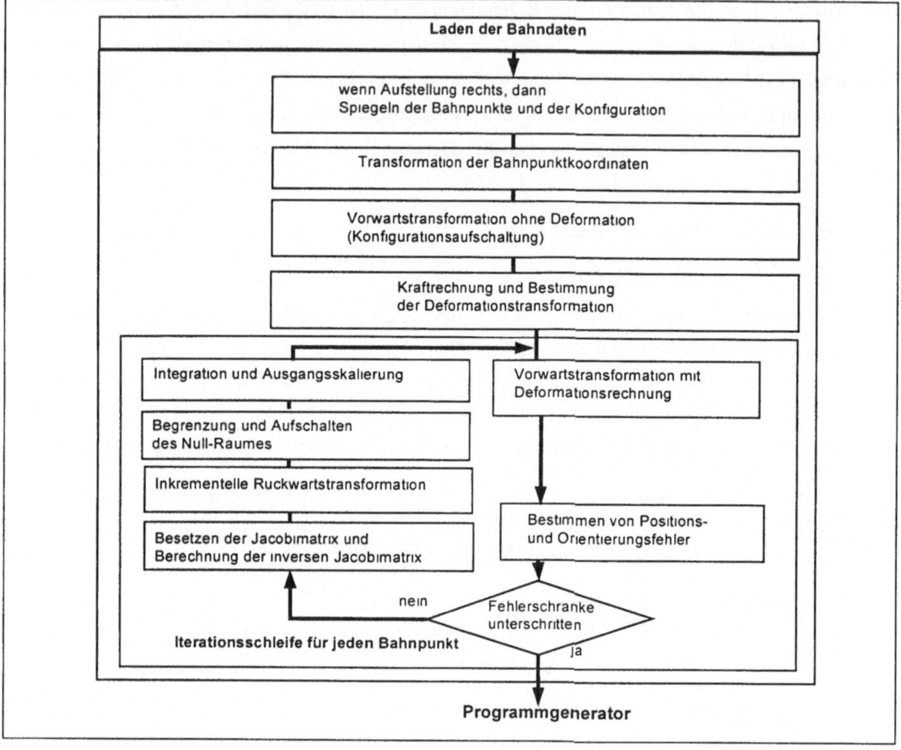

Bild 5.13:   Flußdiagramm des Algorithmus zur Lagekompensation

Die Transformation der Koordinaten des Bahnpunktes auf die Gelenkwinkel des Manipulators wird iterativ durchgeführt. Als Randbedingungen werden bahnpunktbezogene Schwenkwinkelbegrenzungen verwendet. Zur Erhöhung der Geschwindigkeit des Algorithmus muß die aktuelle Deformation nicht in jedem Zyklus neu berechnet werden. Es genügt, sowohl die Deformation als auch die pseudoinverse Jacobimatrix für jede Transformation ein einziges Mal zu berechnen. Wird allerdings eine neue Gelenkauswahl getroffen, muß die Jacobimatrix neu besetzt und berechnet werden. Mit diesem Verfahren ist es möglich, die Kompensation schnell und genau durchzuführen Die Reproduzierbarkeit der Konfigurationen ist dabei sehr hoch. Die geplante Verfahrbewegung wird auf die Bewegungssteuerung als Gelenkwinkelvektoren übertragen. Diese hat dann die Aufgabe, eine Bahn zu interpolieren, wobei ebenfalls die Konfigurationsaufschaltung verwendet wird.

6 Bahnkorrektur

6.1 Ablaufüberwachung

Bei der Vorbereitung zum eigentlichen Arbeitsprozeß kann eine Großzahl der möglichen Abweichungen bereits kompensiert werden. Bisher nicht berücksichtigt sind die Ungenauigkeiten der Flugzeugoberfläche und die Regelabweichungen des Manipulators. Die Restfehler der Kalibrierung schlagen ebenfalls noch zu Buche. Aus diesem Grund wird eine On-Line Bahnkompensation entwickelt, die verbleibende Restfehler soweit kompensiert, daß geforderte Toleranzen eingehalten werden können.

Eine On-Line Bahnkompensation greift wesentlich in die Sicherheit des Gesamtsystems ein. Grundvoraussetzung für einen sicheren Betrieb ist eine redundante Bahnüberwachung, die in dieser Arbeit entwickelt wird. Das zu entwickelnde Modul soll gleichfalls die Bewegungssteuerung und die vorbereiteten Programme überwachen. Die Ablaufüberwachung dient einerseits zur Datenerfassung der On-Line Bahnkorrektur und andererseits stellt sie einen wichtigen Sicherheitsaspekt dar. Durch die doppelte Überwachung der Koordinaten des Manipulators können Fehlfunktionen reduziert werden.

6.1.1 Funktion der Ablaufüberwachung

Die Ablaufüberwachung ist grundlegend so aufgebaut, daß durch Fehler, die in einem Softwaremodul auftreten oder durch eine ausgefallene Hardwarekomponente entstehen, keine Gefahr für Mensch und Material besteht. Ziel ist es, redundante Überwachungsketten aufzubauen.

Auf dem Bordrechner sind drei Module konzipiert, die unterschiedlich lange Zeitfenster besitzen. Die oberste Instanz läuft auf dem PC und ist zuständig für die Ablaufüberwachung. Überwacht wird die Reihenfolge von Programmschritten und Bedieneingriffen. Diese Überwachung ist ereignisgesteuert und bildet eine kausale Kette. Darunter befindet sich ein Modul, das die aktuelle Position des TCP's überwacht. Bedingt durch die zeitliche Verzögerung in der Bewegungssteuerung und bei der Datenübertragung entsteht eine zeitliche Unsicherheit in der Position. Da diese Unsicherheit nicht größer als der zu erwartende Fehler sein darf, müssen die Abtastperiode und die Totzeit kleiner als 1 s gewählt werden. Die unterste Überwachungsebene bildet ein Lastbeobachter, der die wirkenden Kräfte am Manipulator erfaßt, mit einem Zeithorizont von 100 ms. Die Ausführung der doppelten Überwachungskette ist in Bild 6.1 dargestellt.

Die Bewegungssteuerung überwacht die Gelenkpositionen im Regler sowie die Begrenzung des Arbeitsraumes im Bahninterpolator. Die Programmsteuerung sorgt für eine klare Trennung der unterschiedlichen Bewegungsmodi.

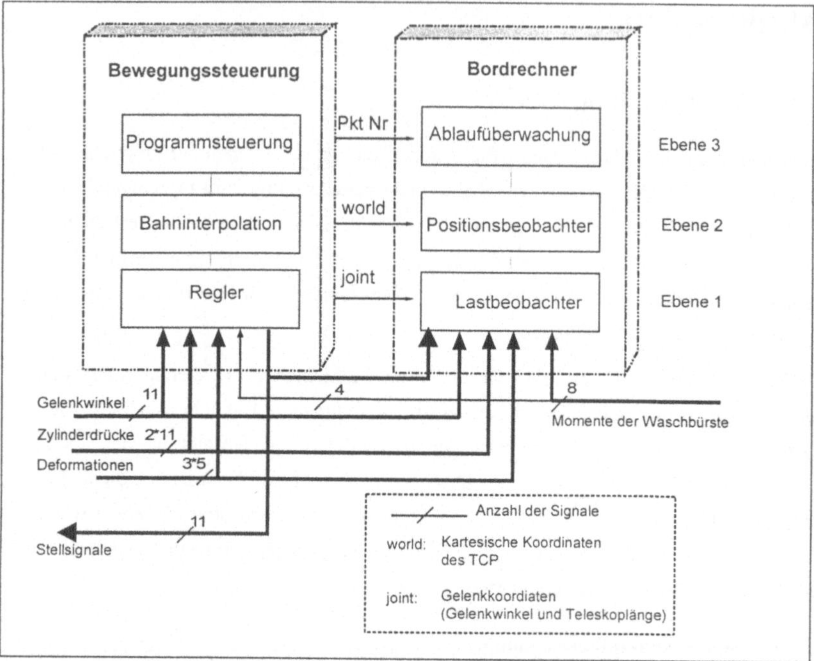

Bild 6.1:   Doppelte Überwachungskette des Datenflusses

Eine vollständige Trennung der Überwachungskette wird durch den direkten Abgriff der Gelenkpositionen von den Positionssensoren (Resolver-Digitalwandlern) gewährleistet. Ein Vergleich der direkt abgegriffenen Daten mit denen der Steuerung bringt zusätzliche Sicherheit. Ein direkter Abgriff ist unerläßlich, um große Verzögerungszeiten zu vermeiden. Die Überwachungskette der Steuerung ist in den Handbüchern zur Steuerung beschrieben [6.1], die Überwachungsknoten des Bordrechners in den folgenden Abschnitten.

6.1.2 Überwachung der Wascheinrichtung

Die Überwachung der Wascheinrichtung ist ein bedeutender Sicherheitsaspekt. Zu große Eintauchtiefen müssen erkannt und eine Reaktion ausgelöst werden. Die Waschbürste besitzt ein aktives Adaptionssystem, das von der Bewegungssteuerung kontrolliert wird. Zur Ermittlung der Eintauchtiefe werden Drehmomentensensoren verwendet. Für jedes Segment der Wascheinrichtung liefert ein Momentensignal Aufschluß über die lokale Eintauchtiefe. Diese Signale werden direkt der Steuerung zugeführt, parallel über schnelle A/D-Wandler am Bordrechner aufgenommen und mit Trendfiltern [6.2] gefiltert. Trendfilter, in der Literatur auch als ARMA (**A**uto-**R**egressive-**M**oving-**A**verage-Modelle) bekannt, haben im Gegensatz zu Tiefpaß- oder Kalman-Filtern [6.3] den Vorteil, keine zeitliche Phasenverschiebung der Signale zu verursachen. Sie eignen sich besonders, wenn Signale mit periodischen Störungen und konstanter Varianz zu filtern sind. Zum Entwurf der Filter gibt es geeignete Programme, womit empirisch günstige Koeffizienten gefunden werden können. Die gefilterten Momentensignale werden auf die Eintauchtiefe und die orthogonale Reaktionskraft abgebildet. Bild 6.2 zeigt exemplarisch die Kennlinien der Abbildung der Bürstenmomente.

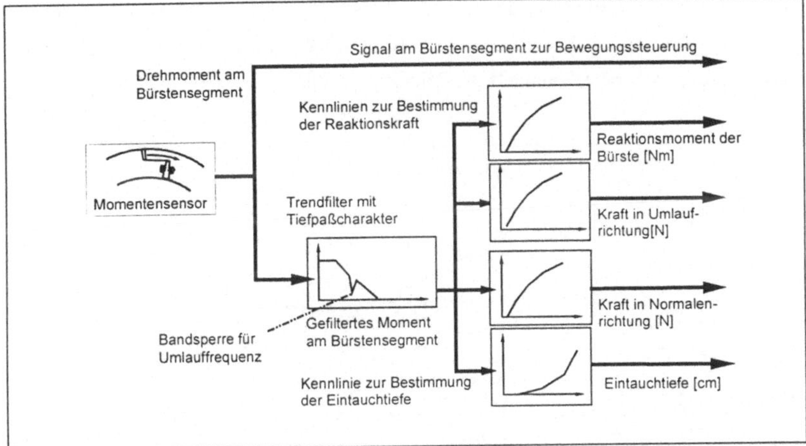

Bild 6.2:   Abbildungen des Bürstenmomentes

Diese Kennlinien werden durch einen Versuch für jedes Segment bestimmt. Eine Nachkalibrierung ist von Zeit zu Zeit nötig. Das Profil der Eintauchtiefe wird mit einem zu jedem Bahnpunkt abgelegten Referenzprofil verglichen. Dabei wird die jeweilige Oberflächenkrümmung an dem entsprechenden Bahnpunkt berücksichtigt. Bei größeren Abweichungen der Profile kann eine Reaktion ausgelöst werden. Zusätzlich zur reinen Überwachungsfunktion dient die Auswertung der Signale auch als Input des Bahnkorrektursystems. Die ermittelte Reaktionskraft F_{TCP} dient als Randbedingung des Lastbeobachters am TCP.

6.1.3 Überwachen der Kräfte am Manipulator

Zur Überwachung der Gelenkkräfte wird ein Lastbeobachter eingesetzt, der die Aufgabe hat, mittels eines Modellsystems und einiger Meßgrößen die reale Kraft- und Momentenverteilung am Gelenk zu schätzen. Als Meßgröße stehen der Gelenkwinkel und die Drücke in den Zylinderkammern der Antriebszylinder zur Verfügung. Aus diesen Drücken kann auf ein Moment um die jeweilige Gelenkachse geschlossen werden. Mit diesen Meßgrößen ist das System prizipiell beobachtbar.

Die Drucksignale werden zunächst mit einem floating avarage Filter gefiltert. Die Filtergleichung für das Druck-Signal p kann folgendermaßen dargestellt werden:

$$\hat{p}(k_2 T_2) = \sum_{i=0}^{i\leq n} f_i p(k_2 - 1 + iT_1) \tag{6.1}$$

Das Signal p wird mit der Periode T_1 abgetastet und über den Zeitraum der Abtastperiode T_2 mit den Gewichten f_i gemittelt, wobei die Periode T_2 die Dauer von n mal der Periode T_1 hat. Die Bestimmung des wirkenden Moments im Gelenk ist in Bild 6.3 veranschaulicht.

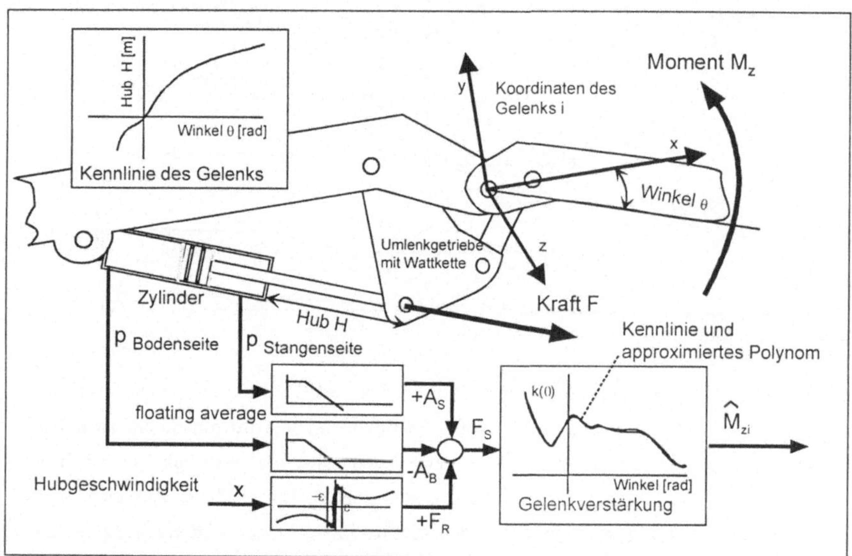

Bild 6.3:   Bestimmen des Gelenkmoments

Aus den gefilterten Drucksignalen werden über die Flächenverhältnisse am Zylinder die Kolbenstangenkräfte des Zylinders bestimmt. Die Gelenkverstärkung k(θ) gibt das Verhältnis von Kraft am Zylinder F zum Moment in den Gelenken M an. Diese Verstärkung wird aus dem Prinzip der virtuellen Arbeit hergeleitet:

$$M \cdot \partial\theta - F \cdot \partial H = 0 \tag{6.2}$$

$$\Rightarrow M = \left[\frac{\partial H}{\delta\theta}\right]_\theta \cdot F \quad \Rightarrow \quad M = k(\theta) \cdot F \tag{6.3}$$

Damit ergibt sich für die Gelenkverstärkung k(θ) der Zusammenhang:

$$k(\theta) = \left[\frac{\delta H}{\delta \theta}\right]_{\theta} \tag{6.4}$$

Zur praktischen Berechnung wird k(θ) als Polynom über den Gelenkwinkel θ approximiert.

$$k(\theta) = \sum_{k=0}^{n} a_k \theta^k \tag{6.5}$$

Die Koeffizienten a_k werden mittels der Gaussapproximation aus der geometrischen Berechnung der Kennlinie gewonnen.

Zur Umrechnung der Drücke in ein Moment im Gelenk ist zusätzlich ein Reibmodell erforderlich. Das Reibmodell wird für die Hubgeschwindigkeit $\dot{x}$ wie folgt angesetzt:

$$F_R = \begin{cases} f_1(\dot{x}) \cdot p_s + f_2(\dot{x}) \cdot p_b & \forall\, \dot{x} < -\varepsilon \\ f_0(\dot{x}, p_s, p_b) & \forall\, \dot{x} \in [-\varepsilon, \varepsilon] \\ f_2(\dot{x}) \cdot p_s + f_1(\dot{x}) \cdot p_b & \forall\, \dot{x} > \varepsilon \end{cases} \tag{6.6}$$

Die geschwindigkeits- und kammerdruckabhängigen Reibfaktoren (f_0, f_1, f_2) können in einem Reibversuch bestimmt werden. Der Bereich $[-\varepsilon, \varepsilon]$ ist gekennzeichnet durch die Haftreibung und den Übergang von der Haftreibung in die Gleitreibung. In diesem Bereich läßt sich das Reibmodell nur unzureichend bestimmen, die Parameterschwankungen bei verschiedenen Versuchen sind sehr groß. Dieser Bereich ist ausschlaggebend, so daß die Kraftberechnung nur zur Überwachung herangezogen werden kann. Die Ungenauigkeiten für das Gesamtsystem werden sehr groß, wenn sich ein Gelenk in diesem Bereich befindet. Ein stabiles Modell erhält man, wenn im Bereich $[-\varepsilon, \varepsilon]$ linear interpoliert wird.

Für das Gelenk i kann damit das Moment um die z-Achse aus den Drucksignalen bestimmt werden zu:

$$\hat{M}_{z,i} = k_i(\theta)\left(F_{R,i} + A_{B,i}\hat{p}_{B,i} - A_{S,i}\hat{p}_{S,i}\right) \quad \vee\ |\dot{x}| > \varepsilon . \tag{6.7}$$

Hierbei werden die stangenseitigen Drücke am Zylinder mit S indiziert und die bodenseitigen Drücke mit dem Index B.

Die Berechnung der Kräfte erfolgt in einer Modellberechnung wie in Gleichung (5.6) beschrieben, jedoch mit einem zusätzlichen Korrekturterm für den Momentenvergleich am Gelenk. Die Kraft im Gelenk i-1 bererechnet sich zu:

$$\hat{F}_{i-1} = A_i(\theta_i)\,\hat{F}_i + G_i(\theta_i) + h\!\left(y_{i-1} - \hat{y}_{i-1(T-1)}\right) \tag{6.8}$$

mit der Ausgangsgröße

$$y = M_{zi}\,, \qquad \hat{y} = \hat{M}_{zi(T-1)}\,, \qquad \Delta y = y - \hat{y}\,, \tag{6.9}$$

wobei das geschätzte Gelenkmoment $\hat{y}$ von der vorhergehenden Berechnung mit dem Zeitindex T-1 verwendet wird.

Der Korrekturvektor für das Moment um die z-Achse hat dabei die einfache Form:

$$h(\Delta y) = \begin{bmatrix} 0, & 0, & 0, & 0, & 0, & k_6 \end{bmatrix}^T \Delta y \tag{6.10}$$

Der Kraftbeobachter ist rekursiv aufgebaut; der Ausgang eines Gelenkes bildet den Eingang des nächsten Gelenkes. Für die letzte Achse hat der Kraftbeobachter die berechneten Reaktionskräfte der Wascheinrichtung als Eingangsgrößen.

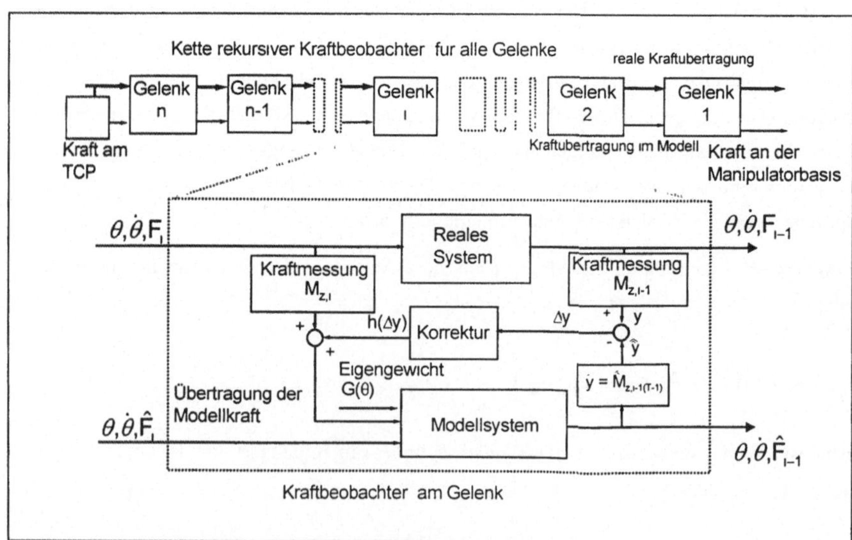

Bild 6.4:   Blockschaltbild des Kraftbeobachters

Für jede einzelne Achse werden zusätzlich die Zylinderdrücke gemessen. Durch die diskrete Berechnung hat der Kraftbeobachter nur eine Zeitverzögerung von einer Abtastperiode. Der Kraftbeobachter erlaubt es, die wirkenden Kräfte am Manipulator zu überwachen. Es können von außen wirkende Kräfte erkannt werden, wenn sich der Manipulator bewegt und sich dadurch die Hydraulikzylinder im Zustand der Gleitreibung befinden. Diese äußeren Kräfte sind ein Indiz für den Kontakt des Manipulators mit einem Objekt im Arbeitsraum oder ein Versagen eines Bauteils des Manipulators.

6.1.4 Überwachen der Position an der Waschbürste

Mit den bestimmten Kräften an den Gelenken werden die Gelenkwinkel unter Berücksichtigung der Deformation vorwärtstransformiert und somit die aktuelle Position des TCP bestimmt. Damit besteht eine vollständige Lagebestimmung der aktuellen geschätzten Position der Wascheinrichtung, die mit Ausgangsdaten ständig verglichen und auf vorgegebene Grenzen geprüft wird. Zusammenfassend soll eine Übersicht die überwachten Daten nochmals zusammenstellen.

Im einzelnen werden überwacht:

☐ Die Momentendifferenz am Gelenk (Δy), wobei eine größere Differenz auf eine Kontaktkraft am nachfolgenden Arm oder eine Systemstörung deutet, die dann Einfluß auf die Regelung haben wird.

☐ Die geschätzten Kräfte in den Gelenken sind ein Maß der Beanspruchung des Materials und geben letztlich Aufschluß über die Standsicherheit der Anlage. Ferner sind die geschätzten Kräfte der Ausgangspunkt zur Bestimmung der realen Position des Manipulators.

☐ Die Differenz zwischen gemessenen Gelenkwinkeln und der Vorgabe im Programm gibt Aufschluß über die Regelgüte der Antriebe.

☐ Mit den geschätzten Kräften des Kraftbeobachters kann die Deformation der einzelnen Arme bestimmt werden. Die Berechnung erfolgt wie bereits in Kapitel 4 beschrieben. Die Vorwärtstransformation liefert eine geschätzte Position des TCP.

☐ Durch die Deformationssensorik werden die realen Deformationen gemessen und mit den berechneten verglichen. Hierdurch kann rückwärts auf die Last am Manipulator geschlossen, und damit können mögliche Fehler ausgeschlossen werden.

☐ Die Koordinaten jedes Gelenks werden auf eine maximale Abweichung von den vorgegebenen Koordinaten geprüft.

Über diese Überwachungsfunktion ist ein Bahnkorrektursystem gelegt, das versucht, den TCP der Sollvorgabe und der realen Flugzeugoberfläche nachzuführen. Die geschätzte Position des

TCP bildet die Basis zur Bestimmung der Bahnkorrektur. Das Verhalten dieser Bahnkorrektur wird im folgenden Abschnitt beschrieben.

6.2 Struktur des Bahnkorrektursystems und der Adaption

Das Bahnkorrektursystem arbeitet in drei Stufen und ist auf die Bewegungssteuerung und den Bordrechner verteilt. Ein Blockschaltbild des Bahnkorrektursystems ist in Bild 6.5 dargestellt.

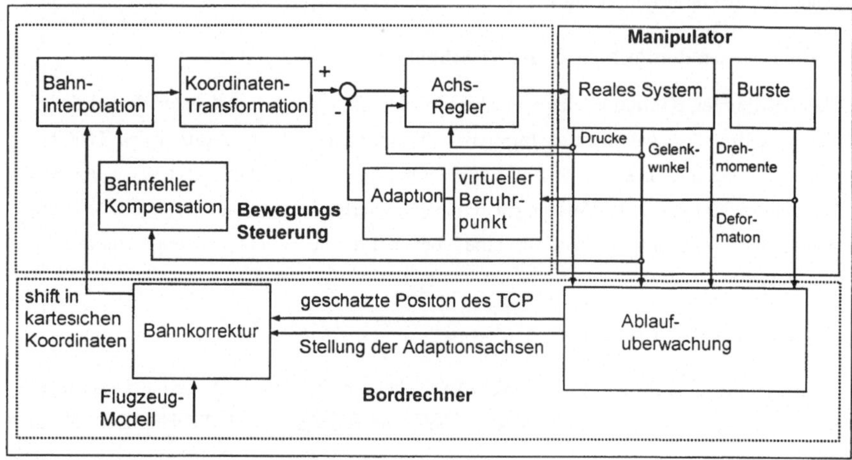

Bild 6.5:   Blockschaltbild des Bahnkorrektursystems

Die erste Stufe bildet die Adaption der Bürste, um ein gleichmäßiges Eintauchen der einzelnen Segmente zu gewährleisten. Sie kann nur 2 Freiheitsgrade einstellen, die Eintauchtiefe und die Orientierung der Bürste. Durch die hohe Dynamik kann sie schnell reagieren, verursacht aber ihrerseits Positions- und Orientierungsfehler. Steht das Teleskop nicht ideal senkrecht auf der Oberfläche, wird zusätzlich zum gewünschten *shift* in Normalenrichtung eine Verschiebung auf der Oberfläche bewirkt. Das gleiche gilt für die Orientierung; aus einer Drehung um die Bürstenachse resultiert auch eine Drehung um die x-und y-Achse.

Die Adaption ist eine Systemfunktion der Steuerung, sie wurde konzipiert, um die Eintauchtiefe der Bürstensegmente auszuregeln [6.4].

Die zweite Stufe bildet die gelenkbezogene Bahnfehlerkompensation. Sie soll bleibende Regelabweichungen (Schleppfehler) des Manipulators kompensieren. Bedingt durch eine energieoptimale Auslegung der Hydraulik und Einstellung der Achsregler, besteht nicht immer für jede Achse eine ausreichende Regelreserve. In einigen Konfigurationen kann es zu bleibenden Regelabweichungen kommen. Durch eine Rückführung des daraus resultierenden Bahnfehlers auf die Bahninterpolation, direkt in der Steuerung, kann ein gewisser Ausgleich geschaffen und die Bahngeschwindigkeit gegebenenfalls angepaßt werden.

Die dritte Stufe bildet die räumliche Bahnkorrektur, eine modellgestützte Kompensation der TCP-Position auf dem Bordrechner, die mit sehr geringer Dynamik (quasi statisch) die reale TCP Position schätzt und dem Modell nachführt.

Die entscheidenden Merkmale von Bürstenadaption, Bahnfehlerkorrektur und räumlicher Bahnkorrektur sind in Tabelle 6.1 dargestellt.

Kompensationssystem	Adaption der Waschbürste (Steuerung)	Bahnfehlerkorrektur (Steuerung)	Bahnkorrektursystem (Bordrechner)
Systembeschreibung:			
korr. DOF:	2-Freiheitsgrade	3-Freiheitsgrade	6-Freiheitsgrade
wirkt auf:	Achse 10,11	Achse 1 bis 6	Achse 1 bis 9
Zeitverhalten:	hoch dynamisch	dynamisch	quasi-statisch
Regelmodell:	feste Regelparameter	feste Regelparameter	modellgestützt
Kompensationsgröße:	Eintauchtiefe der Bürstensegmente	Ausgleich der Schleppabstände der Achsen aufgrund begrenzter Versorgungsleistung	Position des TCP nach Modell Stellung der Adaptionsachsen (Arbeitspunkt)

Tabelle 6.1:   Wesentliche Eigenschaften der beiden Korrektursysteme

6.3 Funktionsweise der Adaption und Bahnfehlerkompensation

6.3.1 Berechnung eines virtuellen Berührpunktes

Aus den Eintauchtiefen der vier Bürstensegmente wird der Berührpunkt in der Bürstenebene so bestimmt, daß ein stabiles Systemverhalten erreicht wird. Das Segment mit der größten Eintauchtiefe liefert die x-Koordinate des Berührpunktes. Die y-Koordinate entspricht der Eintauchtiefe, bezogen auf das TCP Koordinatensystem.

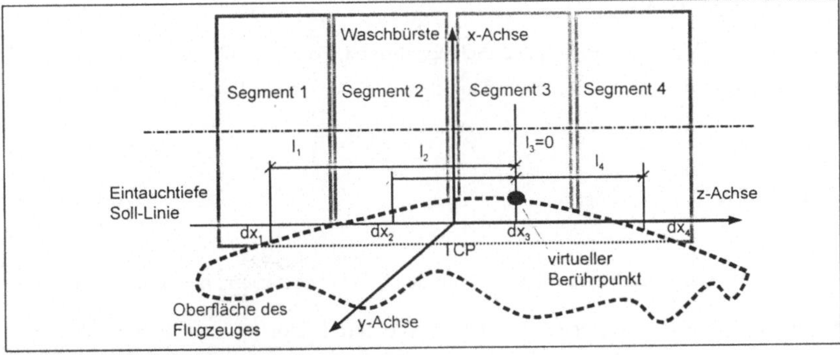

Bild 6.6:   Modell der Adaption

Ausgehend von diesem Punkt werden der Eintauchtiefenfehler und ein Orientierungsfehler bestimmt mit der Eintauchtiefe Δx als x-Koordinate des Berührpunktes und dem Orientierungsfehler $\Delta\varphi$ als gewichtetes Moment um die y-Achse mit:

$$\Delta\varphi = \frac{1}{\sum l_i} \sum_{i=1}^{4} l_i \Delta x_i \quad \text{und} \quad \Delta x = \max(\Delta x_i) \tag{6.11}$$

6.3.2 Transformation auf die Adaptionsachsen

Die Fehler am virtuellen Berührpunkt werden auf die Adaptionsachsen transformiert:

$$\begin{bmatrix} \Delta\theta_{10} \\ \Delta\theta_{11} \end{bmatrix}_{add} = \underbrace{\begin{bmatrix} r_{11} & r_{12} \\ r_{21} & r_{22} \end{bmatrix}}_{R} * \begin{bmatrix} \Delta x \\ \Delta\varphi \end{bmatrix} \tag{6.12}$$

Die Achse 10 ist eine Teleskopachse und die Achse 11 eine rotatorische Achse, somit kann die Matrix R als Jacobimatrix der Adaption aufgefaßt werden. Die Ansteuersignale der Achsen, mit stell indiziert, erhält man aus den transformierten Sollwerten der Bahninterpolation und dem Adaptionsvektor zu:

$$\begin{bmatrix} \theta_1 \\ \vdots \\ \theta_9 \\ \theta_{10} \\ \theta_{11} \end{bmatrix}_{stell} = \begin{bmatrix} \theta_1 \\ \vdots \\ \theta_9 \\ \theta_{10} \\ \theta_{11} \end{bmatrix}_{soll} + \begin{bmatrix} 0 \\ \vdots \\ 0 \\ \Delta\theta_{10} \\ \Delta\theta_{11} \end{bmatrix}_{add} \tag{6.13}$$

6.3.3 Bahnfehlerkorrektur

Die Bahnfehlerkorrektur hat die Aufgabe, Schleppabstände, die am TCP entstehen, zu kompensiern. Dazu wird der TCP mit einer bedämpften Positonsverschiebung beaufschlagt. Dies läßt sich beschreiben als:

$$\Delta x_t = (1 - ks)\Delta x_{t-1} + ks \cdot J\Delta\Theta_r, \tag{6.14}$$

wobei $J\Delta\Theta_r$, die Jakobimatrix, multipliziert mit den Schleppabständen, den aktuellen Positionsfehler durch Regelabweichungen am TCP angibt. Der Faktor ks kann Werte zwischen Null und Eins annehmen. Je größer ks wird, desto dynamischer wird das Verhalten der Schleppabstandskompensation. Bei Werten über $ks > 0{,}5$ ist keine Stabilität mehr zu erwarten, da diese Funktion Nichtlinearitäten des Hydrauliksystems ausgleicht. Es wird ein stabiler Grenzzyklus entstehen. Werte um ks = 0,2 gewährleisten aber immer noch eine Reaktionszeit, die über der Ansprechzeit der Bahnkorrektur liegt. Bei entsprechender Bewertung bei der Rückwärtstransformation kann der Fehler wieder auf die dynamischen Handachsen aufgeschaltet und somit die Lage des TCP stabil gehalten werden.

6.4 Online Bahnkorrektur

6.4.1 Wirkungsweise der Bahnkorrektur

Die Wascheinrichtung weicht aufgrund von Reaktionskräften mit der Flugzeugoberfläche und der daraus resultierenden Deformation des Manipulators sowie Schleppfehlern in den Achsreglern von den geplanten Koordinaten ab. Zusätzlich entstehen Fehler beim Bestimmen der relativen Lage des Manipulators am Flugzeug mit der EBK, die von Kalibrierungsfehlern des Manipulators noch überlagert werden. Zur Kompensation dieser Fehler und von Abweichungen der realen Flugzeuggeometrie zum verwendeten Modell, ist es nötig, ein On-Line Bahnkorrektursystem zu realisieren, wobei Positionsfehler bis über 0.5 m ausgeglichen werden müssen.

Ziel der Bahnkorrektur ist es, die reale Position des TCP der geplanten Position auf der Oberfläche des Flugzeuges nachzuführen. Für die Bewegungssteuerung bedeutet dies eine ständige Neudefinition des Arbeitsraums, die quasistatisch erfolgen muß. Diese Bahnkorrektur erfolgt über die DNC-Schnittstelle der Steuerung. Sie wird als Verschiebung der Bahnpunkt-Koordinaten ausgeführt. Auf die aktuellen Bahnkoordinaten wird ein Offset aufaddiert, der für alle folgenden Bahnpunkte aktiv bleibt. Die Verschiebung der Bahnpunkte wird als *shift* bezeichnet.

Die Adaptionsachsen auf Mittelstellung auszuregeln, ist eine zusätzliche Aufgabe der Bahnkorrektur. Dies geschieht mit sehr geringer Dynamik, beinahe quasistatisch, um dynamische Verkopplungen der Regelkreise zu vermeiden. Die parasitären Positionsverschiebungen der Bürstenadaption werden durch das Bahnkorrektursystem minimiert.

6.4.2 Zeitverhalten der Bahnkorrektur

Die Online Bahnkorrektur ist an die DNC-Schnittstelle der Steuerung gebunden. Der Zugriff auf Daten und die Einleitung von Aktionen kann nur zu diskreten Zeitpunkten erfolgen. Diese Zeitpunkte sind vom Protokoll der Steuerung nicht äquidistant, es treten unterschiedliche Zeitperioden auf, die von 200 ms bis zu 2 s reichen. Die Bahnkorrektur greift in die Bahnplanung der Steuerung ein, dadurch entstehen zusätzliche Zeitverzögerungen, die die Dynamik der Bahnkorrektur beeinflussen. Der aktuell anstehende Korrekturwert ist von der Steuerung nicht rücklesbar, was den Aufwand zur Erreichung einer gewissen Zuverlässigkeit wesentlich erhöht.

Der zeitliche Ablauf für eine Bahnkorrektur ist in Bild 6.7 dargestellt.

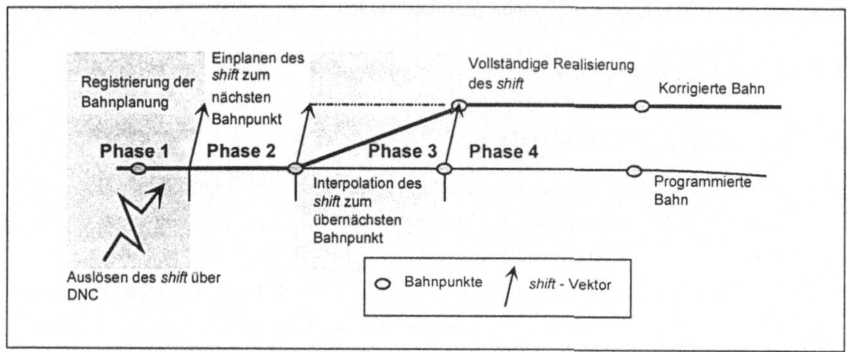

Bild 6.7:   Zeitverhalten der Bahnkorrektur

Der zeitliche Ablauf kann in 4 Phasen gegliedert werden, die folgende Funktionalität besitzen:

Phase 1   Der Bordrechner sendet ein Telegramm an die Bewegungssteuerung. Bedingt durch das Handshake und die geringe Übertragungsrate, entsteht eine Reaktionszeit der DNC-Schnittstelle. Die Übertragung eines einzelnen Telegramms dauert ca. 200 ms

Phase 2   Ist die Information auf der Steuerung vorhanden, wird der *shift* bei der Bahninterpolation der Steuerung eingeplant. Die Interpolation des *shift* beginnt frühestens beim nächsten Bahnpunkt, der in der Planung noch nicht berücksichtigt wurde.

Phase 3   Der *shift* kann bis zum darauffolgenden Bahnpunkt realisiert sein, vorausgesetzt, der Punktabstand ist groß genug, um keine Geschwindigkeits- oder Beschleunigungsgrenzen zu überschreiten.

Phase 4   Der *shift* ist realisiert und kann vom Bordrechner erkannt werden. Die Gesamtzeit von der Auslösung des *shift* bis zur Erkennung durch den Bordrechner kann eine Zeit von 2 s erreichen.

Für die Bahnkorrektur muß eine Reihe von Voraussetzungen erfüllt sein. Die Wahl des richtigen *shift*-Zeitpunkts sowie der Richtung und Größe des *shift* ist die Aufgabe eines Softwaremoduls.

6.4.3 Voraussetzungen und Randbedingungen der Bahnkorrektur

Zur Bestimmung des *shift* werden die aktuellen Positionen der Achsen und die Sensorsignale der Wascheinrichtung herangezogen. Zusätzlich sind eine Reihe von *shift*-Bedingungen definiert, die das Auslösen eines *shift* bestimmen:

Aktiver Shift Modus

Es wird zwischen aktivem und passivem *shift*-Modus unterschieden. Aktiv bedeutet, die Koordinaten der Bahnpunkte können in positive und negative Normalenrichtung verschoben werden. Im passiven Modus können die Koordinaten der Bahnpunkte nur in positiver Normalenrichtung, das bedeutet vom Flugzeug weg, verschoben werden. Es wird beim Anfahren auf die Oberfläche in den passiven Modus geschaltet, um zu verhindern, daß frühzeitig ein *shift* in Richtung der Oberfläche ausgelöst wird, wobei deren exakte Lage noch nicht feststeht. Da in dieser Phase nur ein *shift* von der Oberfläche weg ausgelöst werden kann, sind selbst bei Störungen der Sensorik keine Schäden zu erwarten. Beim Abheben von der Oberfläche wird ebenfalls in den passiven Modus geschaltet, um definiert von der Oberfläche abheben zu können. Bleibt der *shift* hier aktiv, wird die Bürste durch die Adaption auf der Oberfläche gehalten und es werden ständig neue *shift* ausgelöst, bis die Anlage wegen überhöhtem *shift* einen Fehlerhalt auslöst.

Bürste im Eingriff

Eine aktive Bahnkorrektur findet grundsätzlich nur dann statt, wenn sich die Bürste im Eingriff befindet oder befinden müßte. Nur so kann sichergestellt werden, daß keine unkontrollierten Driftbewegungen im Raum stattfinden. Starke Orientierungsänderungen können bei den relativ großen Zeitverzögerungen nicht realisiert werden. Bei Umorientierungsbewegungen wird der *shift* gänzlich abgeschaltet.

Programm läuft

Es muß auf der Steuerung ein aktives Programm laufen und der Bediener muß über den Totmannschalter seine Zustimmung erteilen. Wird keine Zustimmung erteilt oder im Handmodus gefahren, ist der *shift* inaktiv. Eine Umschaltung des Betriebsmodus bewirkt ein Rücksetzen des *shift* , da nach einem Bewegen des Manipulators im Handmodus keine Referenz mehr hergestellt werden kann.

Nächster Punkt

Bedingt durch die zeitliche Verzögerung bei der Realisierung des *shift*, darf bei jedem Bahnpunkt nur ein *shift* ausgelöst werden. Die Folge der Bahnpunkte ist die einzige Referenz, durch die ein kausaler Zusammenhang zwischen *shift* und *shift*-Wirkung hergestellt werden kann. Es gibt keinen eindeutigen zeitlichen Bezug der Bahnkorrektur.

Nach Auswertung der *shift* -Bedingungen kann ein *shift* ausgelöst werden. Die Richtung und Größe des *shift* werden in einem eigenen Modul bestimmt.

6.4.4 Bestimmen der Korrekturrichtung

Da die Bahnkorrektur einerseits die Bürstenadaption nachstellen soll, um immer eine gute Waschleistung zu gewährleisten und anderseits die TCP-Position nachzuführen, kann keine eindeutige Korrekturrichtung angegeben werden. Die Richtung ergibt sich aus der gewichteten Überlagerung der unterschiedlichen Bedingungen. Die Richtung des *shift* wird im wesentlichen von der Oberflächennormalen des nächsten Bahnpunktes bestimmt. Diese Richtung bildet die beste Näherung für erwartete Ungenauigkeiten der Flugzeugoberfläche. Die Kompensation der realen TCP-Lage liefert zusätzlich eine Verschiebung auf der Flugzeugoberfläche und verbessert dadurch die Orientierung der Wascheinrichtung zur Waschbahn. Werden beide Bedingungen richtig gewichtet, kann auch die Adaptionseinrichtung der Bürste in Mittelstellung gehalten werden. In Bild 6.8 sind die Koordinatensysteme zur Bestimmung des aktuellen *shift*-Vektors dargestellt.

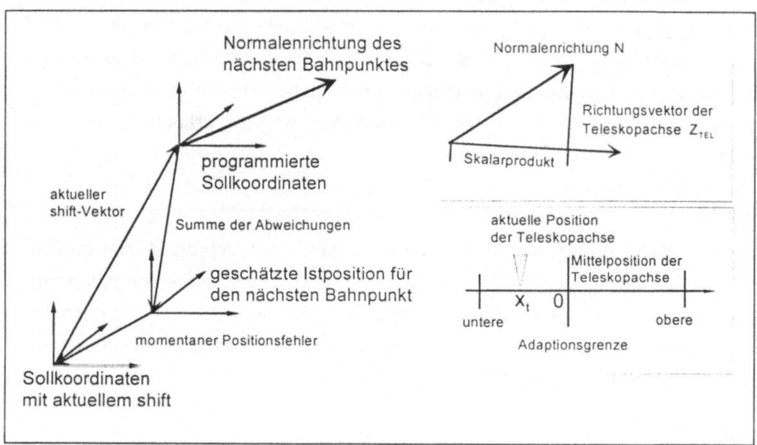

Bild 6.8:   Bestimmen der aktuellen *shift*-Richtung

Die Gewichtung geschieht so, daß der Betrag des *shift* in Normalenrichtung **N** die Auslenkung der Teleskopachse x_{TEL} zur Adaption kompensiert. Der *shift*-Vektor läßt sich darstellen als:

$$^0r_{TCP,TCP'} = {}^0r_{0,TCP} - {}^0\hat{r}_{0,TCP'},\qquad(6.15)$$

$$S_{k,t} = \underbrace{k_1 x_{TEL}\left(N_k{}^T z_{TEL}\right)N_k}_{\substack{\text{Kompensation der Bürsten-}\\\text{Adaption}}} + \underbrace{k_2 \frac{1}{\sqrt{\left\|^0r_{TCP,TCP'}\right\|}}{}^0r_{TCP,TCP'}}_{\substack{\text{Kompensation der}\\\text{Positionsabweichung}}}\qquad(6.16)$$

$$k_1 + k_2 \cong 1 \qquad k_1 \gg k_2 \qquad\qquad(6.17)$$

Der *shift* am Punkt k soll sich auf benachbarte Punkte auswirken. Zweckmäßig erscheint es hier, die *shift* einfach aufzuaddieren, wodurch allerdings ein Abdriften des TCP entstehen kann. Um dies zu verhindern, muß der anstehende *shift* wieder abgebaut werden.

Eine zusätzliche zeitliche Komponente der *shift*-Reduzierung wird eingeführt, um zeitliche Parameterschwankungen und räumliche Fehleinschätzungen kompensieren zu können. Die zeitliche Kompensation kann folgendermaßen formuliert werden:

$$\hat{S}_{k,t+1} = k\tilde{S}_{k,t+1} + (1-k)\tilde{S}_{k,t} \, , \tag{6.18}$$

wobei der Gewichtungsfaktor k abhängig ist von der Soll-Geschwindigkeit v_{soll} und dem Bezugszeitraum T_{ref}, mit:

$$k = \frac{v_{soll}}{T_{ref}} \tag{6.19}$$

Die Berechnung des *shift* bildet damit ein Verzögerungssystem 1.Ordnung, das jeden *shift* zeitlich abklingen läßt. Die zeitliche Reduzierung entspricht auch dem Erwartungsverhalten des Bedieners. Er kann dadurch einfach durch kurze Pausen oder eine kleinere Bewegungsgeschwindigkeit die Bahnkorrektur dämpfen.

Wird ein Arbeitsbereich verlassen oder tritt eine unvorhergesehene Situation ein, muß der Summen-*shift* wieder auf einen Standardwert zurückgenommen und sowohl die Adaption als auch die Bahnkorrektur auf passiv gesetzt werden.

6.4.5 Ablauf der Bahnkorrektur

Die Bahnkorrektur ist ist auf dem Bordrechner realisiert und der algorithmische Ablauf stellt sich folgendermaßen dar:

Der Echtzeitrechner erfaßt zyklisch die wichtigsten Systemzustände, so daß davon ausgegangen werden kann, daß diese Daten maximal eine Abtastperiode alt sind.

Auf dem PC beginnt der Zyklus mit der Anforderung der aktuellen Koordinaten der Steuerung. Bis eine Antwort erfolgt, werden die Daten des gemeinsamen Speichers gelesen und die Vorwärtstransformation durchgeführt.

Der Bordrechner muß dann in der Regel noch warten, bis die Antwort der Steuerung erfolgt ist. Sobald die Daten der Steuerung verfügbar sind, wird ein Vergleich der Steuerungskoordinaten mit direkt erfaßten Koordinaten durchgeführt. Zu große Abweichungen bewirken einen Stop der Anlage. Sind alle Betriebsvoraussetzungen für einen *shift* erfüllt und die *shift*-Regeln ausgewertet, kann der *shift*-Vektor bestimmt und der *shift* ausgelöst werden.

Der algorithmische und zeitliche Ablauf des *shift* ist in Bild 6.9 dargestellt.

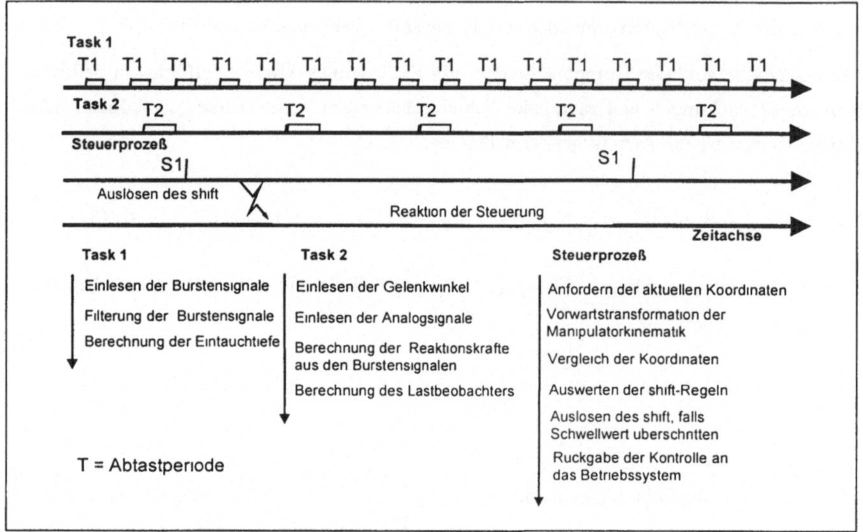

Bild 6.9:   Zeitdiagramm des Bahnkorrektursystems

Die Dynamik des Bahnkorrektursystems wird hauptsächlich durch die Reaktionszeit der Bewegungssteuerung begrenzt. Die Zeiten, die der Bordrechner benötigt, die entsprechenden Daten bereitzustellen, sind um eine Größenordnung kleiner. Es ist jedoch vollkommen ausreichend, eine Ungenauigkeit in einem Zeithorizont von 5 s auszugleichen. In der Regel sind die relativen örtlichen Ungenauigkeiten nicht größer als 0,2 m/m. Das bedeutet bei einer Bahngeschwindigkeit von 0,2 m/s etwa 0,04 m/s Ungenauigkeit.

Um die Belastung des Systems gering zu halten, erfolgt die Übertragung des *shift* nur, wenn die Differenz des aktuellen *shift* und dem, auf der Steuerung aktiven, einen unteren Schwellwert überschreitet. Wird dieser Schwellwert beispielsweise auf 8 cm gesetzt, wird ein Korrekturzyklus aufgrund der zu erwartenden zeitlichen Änderung der Ungenauigkeiten ca. 2 Sekunden in Anspruch nehmen. Wird der Schwellwert herabgesetzt, neigt das Korrektursystem, bedingt durch die langen Verzögerungen, zum Nacheilen. Wird der Schwellwert vergrößert, treten Oszillationen des Bahnkorrektursystems auf.

7 Realisierung des Bordrechnersystems

7.1 Aufbau der Bordrechner Hardware

Der Bordrechner ist auf der Basis eines Prozeßrechners aufgebaut. Ein Echtzeitrechner, verbunden mit einem Industrie-PC, bildet das Kernstück des Systems. Er besitzt Schnittstellen zur Kommunikation mit dem Bediener, der Bewegungssteuerung und Schnittstellen zur Überwachung des Zustands der Anlage. Die Entfernungsbildkamera ist über ein Transputernetzwerk an den PC angekoppelt. Eine Strukturskizze der Hardware des Bordrechners ist in Bild 7.1 dargestellt. Hierbei werden eine Reihe fortschrittlicher Systemkomponenten, wie das Feldbussystem und die Entfernungsbildkamera, eingesetzt [7.1].

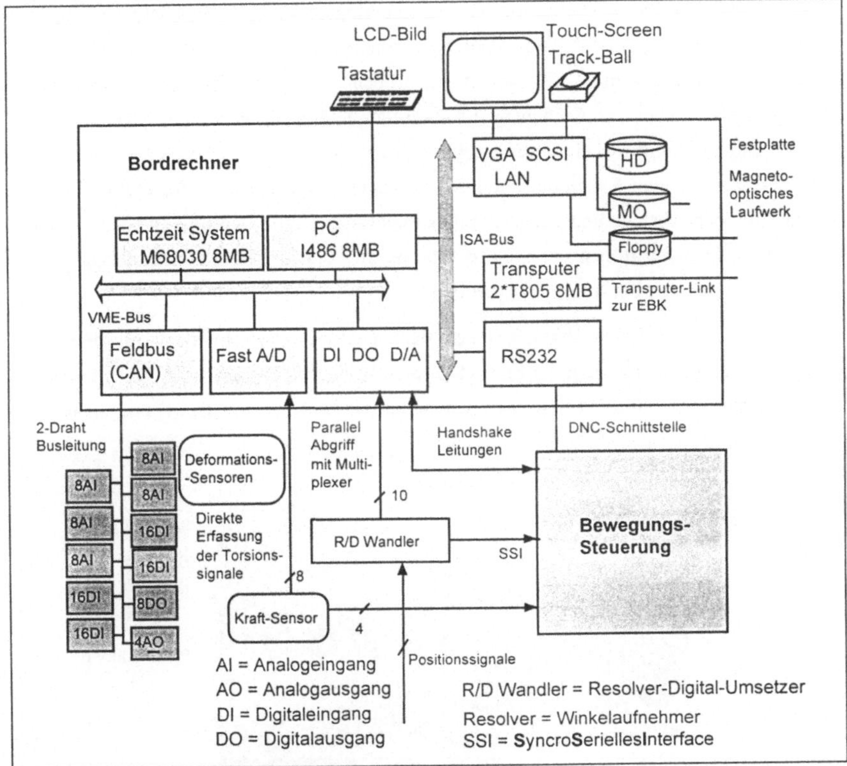

Bild 7.1:   Hardwareaufbau des Bordrechners

Die Aufgaben des Bordrechners werden entsprechend ihrer zeitlichen Anforderungen auf die unterschiedlichen Prozessoren verteilt. Entscheidend für die Verteilung der Aufgaben ist in erster Linie eine Parallelisierung der Prozesse. Ein weiteres wichtiges Kriterium sind die Reaktionszeiten der Prozesse auf externe Ereignisse. Und schließlich ein bedeutendes Kriterium ist der Entwicklungsaufwand für die einzelnen Softwaremodule. Die Gestaltung der Software wird im nachfolgenden Abschnitt erläutert.

Die Leistungsfähigkeit der Schnittstellen wird entsprechend der Anforderungen festgesetzt. Von Seiten der Bewegungssteuerung ist die Anforderung der Reaktionszeit nur sehr gering, da die Behandlung der DNC in einem niedrig priorisierten Prozeß abläuft. Es werden Reaktionszeiten nicht unter einer Sekunde gefordert.

Ein Feldbus-System wird zur Überwachung der gesamten Anlage eingesetzt. Die Anbindung externer Komponenten über einen Feldbus hat gegenüber einer zentralen Erfassung den Vorteil, daß der Bordrechner von äußeren elektrischen Störungen vollständig entkoppelt ist. Der Wartungsaufwand für das System wird durch eine geringere Verdrahtungsdichte verringert. Intelligente Ein-Ausgangsmodule entlasten den Erfassungsrechner wesentlich und erhöhen die Sicherheit des Gesamtsystems [7.2]. Zur Erfassung hochdynamischer Analogsignale steht ein zusätzlicher AD-Wandler zur Verfügung. Es kann damit für 16 Kanäle eine Abtastrate von über 1 kHz mit Filterung realisiert werden. Ein weiteres Modul mit digitalen Ein- und Ausgängen dient zur direkten Synchronisation des Datenaustausches mit der Steuerung, um erstens eine doppelte Absicherung der Kommunikation zu gewährleisten und zweitens gleichzeitig wichtige Zustandsgrößen der Anlage abtasten zu können. Diese Datenerfassungseinheiten werden durch den Echtzeitrechner bedient.

Die Bedienelemente des Bordrechners sind dem PC zugeordnet. Die zeitlichen Anforderungen an die Visualisierung sind gering, der Entwicklungsaufwand und die benötigte Rechenleistung allerdings relativ hoch. Bild 7.1 zeigt den realisierten Bordrechner mit Bewegungssteuerung in der Fahrerkabine des LKW.

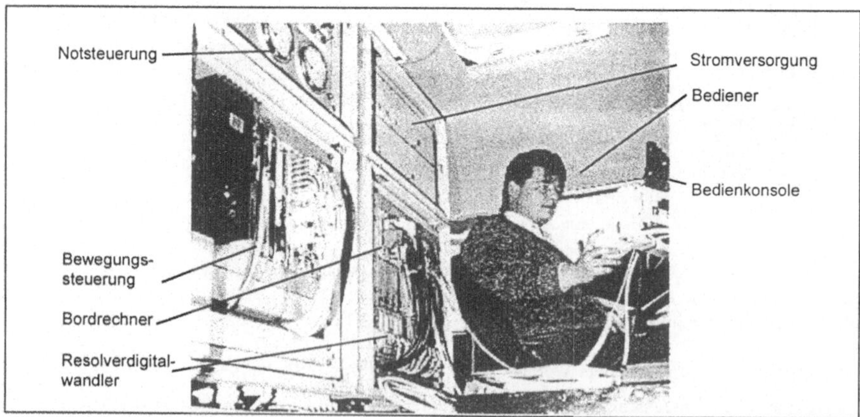

Bild 7.2:   Ansicht des Bordrechners und Bedieninterfaces im LKW

7.2 Aufbau der Softwarestruktur

7.2.1 Gesamtstruktur der Bordrechner- Software

Die Software wird in einem Top-down Entwurfsverfahren spezifiziert und anschließend Bottom-up codiert. Der Code wird modular aufgebaut und den einzelnen Prozessoren zugeordnet. Der Großteil des Codes der Software läuft auf dem PC. Alle datenintensiven und nicht zeitkritischen Aufgaben lassen sich auf dem PC am einfachsten realisieren, zeitkritische Prozesse laufen auf dem Echtzeitrechner. Die Basis der PC-Programme bildet eine objektorientierte Software-Bibliothek, die im Rahmen dieser Arbeit aufgebaut wurde, um den gesamten Bereich der Geometrieverarbeitung abzudecken. Durch den Einsatz einer objektorientierten plattformunabhängigen Programmiersprache (Ansi C++) wird es möglich, Software wiederzuverwenden [7.3], wodurch diese Bibliothek auch bei der Off-Line Programmierung eingesetzt wird. Eine modifizierte Form der hier aufgebauten Bibliothek wurde auch auf der Steuerung implementiert, um die Koordinatentransformation für redundante Manipulatoren durchzuführen. Die Struktur der Software ist in Bild 7.3 dargestellt:

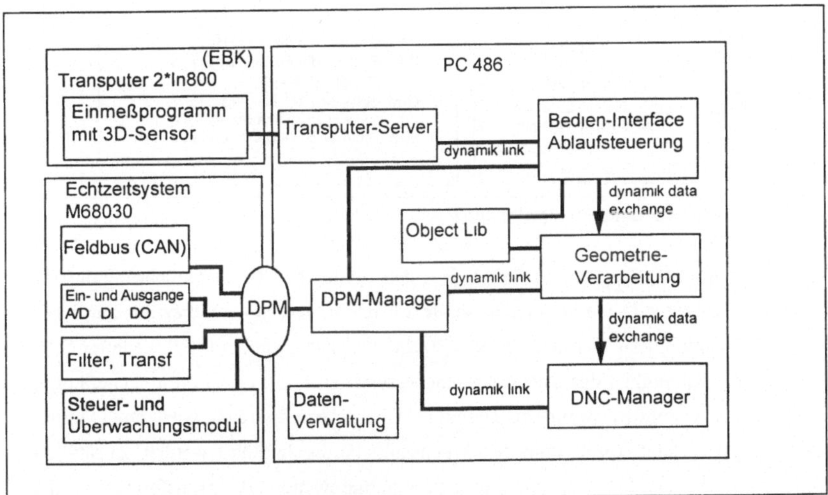

Bild 7.3:   Softwarestruktur des Bordrechners

Um eine flexible Gestaltung der Benutzeroberfläche und eine effiziente Programm- und Datenverwaltung realisieren zu können, wird der PC mit Windows ausgestattet. Der Einsatz eines weitverbreiteten Standards der graphischen Oberflächen reduziert den Entwicklungsaufwand und ist für zukünftige Erweiterungen offen [7.4], wodurch die Akzeptanz beim Bediener höher ist.

7.2.2 Datenverwaltung auf dem Bordrechner

Der Bordrechner hat die Aufgabe, den gesamten Datenbestand der Anlage zu verwalten und für verschiedene Schnittstellen die Datenübertragung durchzuführen. Entscheidend für die Datenverwaltung ist der schnelle und sichere Zugriff auf die Daten.

Die höchste Zugriffsgeschwindigkeit wird erreicht, wenn große Datenblöcke sequentiell gelesen werden. Ein möglichst einfacher Schlüssel zur Suche beschleunigt das Auffinden der Daten. Verwendet wird ein Verfahren, bei dem der Verzeichnisbaum der Dateiverwaltung des Betriebssystems, wie in Bild 7.4 dargestellt, ausreicht .

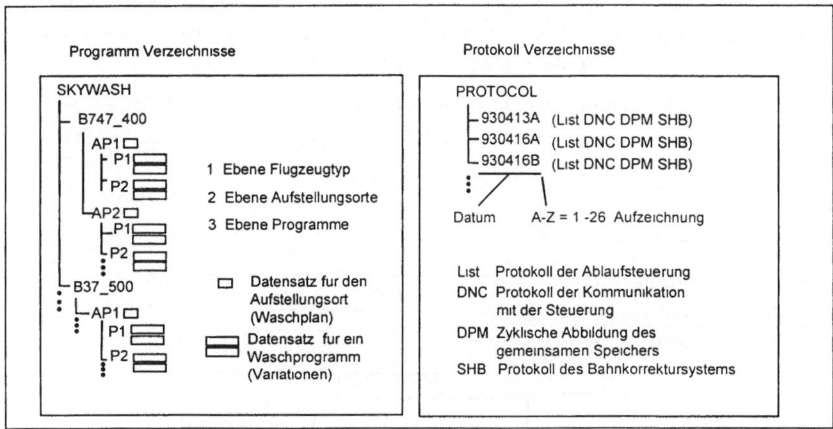

Bild 7.4:   Datenstruktur auf dem Bordrechner

Das Datenverwaltungssystem muß sicherstellen, daß Fehler bei der Datenübertragung und dem Zugriff auf einzelne Daten vermieden werden. Erreicht werden kann dies nur durch redundante Prüfpolynome der Datensätze. Jeder einzelne Datensatz muß eine Prüfkennung CRC enthalten, um die Richtigkeit des Datensatzes sicherzustellen [7.5]. Es wird ein Generatorpolynom mit 32 Bit verwendet, womit eine Hamming-Distanz von 2 erreicht wird. Die Überprüfung der Datensätze kann vor Beginn der Arbeitsaufgabe durchgeführt werden. Zusätzliche Kreuzprüfungen über das Prüfpolynom ganzer Programme während der Transformation erhöhen die Sicherheit. Durch die Prüfsummen läßt sich keine Fehlerkorrektur durchführen, ein Datensatz kann lediglich als richtig oder falsch erkannt werden. Zur Korrektur steht ein zweiter Datensatz in gepackter Form zur Verfügung, so daß bei Fehlern in einem Datensatz die entsprechenden Komponenten aus der gepackten Version ersetzt werden.

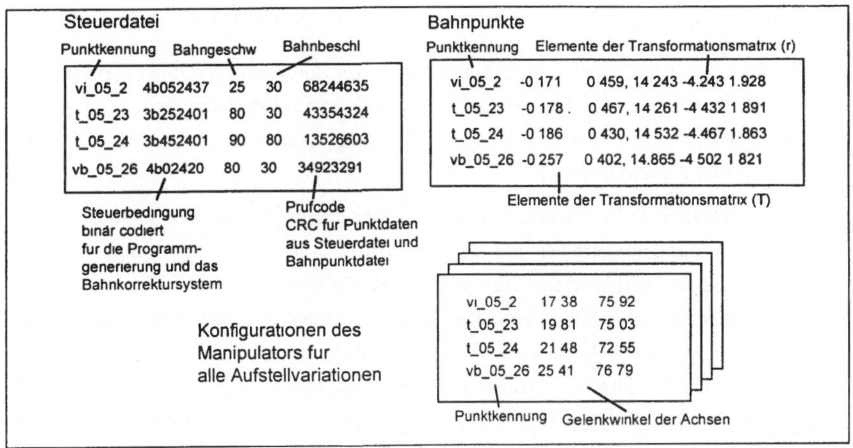

Bild 7.5:   Datensatz für ein Programm aus der Off-Line-Programmierung

Reicht diese Korrektur nicht aus, muß ein weiterer Datensatz, der nochmals redundant abgelegt wurde, über eine optische Wechselplatte nachgeladen werden.

7.2.3 Beschreibung der Softwaremodule auf dem PC

Objektorientierte Bibiothek (ObjectLib)

Das Object Library stellt die wichtigsten Basisfunktionen zur Geometrieverarbeitung und Oberflächengestaltung zur Verfügung. Die Klassen und Methoden dieser Bibliothek kommen auch in anderen Projekten zum Einsatz und werden dort erprobt. Diese Mehrfachverwendung und Erprobung reduziert die Fehlerwahrscheinlichkeit in einzelnen Methoden erheblich.

Treiber für die EBK (Transputer-Server)

Die Ansteuerung der Entfernungsbildkamera wird über das Transputernetzwerk realisiert. Hierfür ist auf der PC-Seite ein Server notwendig, der die Ein- und Ausgabe der Datenströme des Transputers verwaltet. Dieser Server wird in das offene Softwarekonzept und die graphische Oberfläche des Bordrechners eingebunden. Durch die Verwendung gemeinsamer Speicherbereiche der verschiedenen Prozessoren und Programme werden Möglichkeiten geschaffen, die Synchronisation der Prozesse zu beschleunigen und eine effizientere automatische Fehlerbehandlung durchzuführen.

Als Eingangsdaten benötigt der Sensor ein Flugzeugmodell, das dem Modell der Off-Line-Programmierung entspricht, um mit den gemessenen Raumpunkten eine beste Überdeckung zu bestimmen. Nach erfolgter Messung und abgeschlossener Referenzrechnung liefert das Programm über den Server die relativen Koordinaten des erfaßten 3D-Bildes zu dem verwendeten Flugzeugmodell als homogene 4x4 Matrix.

DNC-Manager

Der DNC-Manager gewährleistet die Kommunikation des Bordrechners mit der Bewegungssteuerung. Dieses Programmodul besteht aus vier aufeinander aufsetzenden Treibern, um eine möglichst hohe Flexibilität zu erhalten. Jede Ebene kann ersetzt werden, um den Treiber in eine andere Struktur einzubetten.

Die unterste Ebene ist ein Protokolltreiber, der eine DNC nach DIN 64014 verwaltet. Darauf aufgesetzt ist ein Telegrammtreiber, der die einzelnen Funktionen der Bewegungssteuerung ansteuert und codiert, beispielsweise das Setzen eines „Merkers" oder die Abfrage der aktuellen Koordinaten. Die dritte Ebene verwaltet die interne Datenkommunikation, das Fileinterface und die DDE-Schnittstelle. Daten werden an andere Programme weitergegeben oder auf Festplatte gesichert. So können einzelne Programmteile oder Korrekturdaten im Rechner übertragen werden. Die oberste Ebene ist für die Abwicklung der Bahnkorrektur und für das Laden und Archivieren der Programme zuständig. Diese Ebene beinhaltet die Prioritätensteuerung für den gesamten Datenverkehr zur Bewegungssteuerung.

Diese Ebenen und die vom Betriebssystem bereitgestellten Treiber werden zur besseren Orientierung in das ISO-OSI 7-Schichten-Modell eingeordnet. Die Tabelle 7.1 zeigt eine Zuordnung der Treiber.

Ebene	Modul	Ebene des DNC-Managers
7 Application	Programme Laden, Shift Abwicklung	4
6 Presentation	Kodierung der Applikations-Daten	3
5 Session	DDE,Fileinterface, Dialog-Steuerung	3
4 Network	Kodierung der Steuerungs-Telegramme	2
3 Transport	DNC-Treiber DIN64014	1
2 Transfer	COM2 Treiber von Windows	Betriebssystem
1 Physical Link	RS232 Null Modem	Serielle Schnittstelle

Tabelle 7.1:   Zuordnung der Kommunikationsebenen nach ISO-OSI

Jede Ebene des DNC-Managers kann leicht durch ein anderes Protokoll oder eine andere physikalische Schicht ersetzt werden.

Interne Datenbasis (DPM-Manager)

Die interne Datenbasis stellt ein Abbild des Gesamtzustandes der Anlage dar. Durch eine zentrale Datenbasis wird es möglich, Abläufe mit geringem Aufwand zu synchronisieren und Daten zwischen einzelnen Prozessen auszutauschen. Im Gegensatz zu einem reinen „clientserver" Konzept ist hier die Systembelastung wesentlich geringer, der Datenaustausch kann schneller erfolgen.

Die Datenbasis wird doppelt angelegt, einmal auf den DPM des Echtzeitrechners und einmal auf dem PC. Der aktuelle Systemzustand wird zentral verwaltet, wobei ein Logfile für die wichtigsten Zustände erstellt wird. Die Konsistenz der Datenbereiche wird zyklisch abgeglichen, wobei eine Semaphorsteuerung für das nötige Handshake beim gemeinsamen Zugriff sorgt. Da beide Systeme den Gesamtzustand der Anlage kennen, besteht somit die Möglichkeit der Rekonstruktion des Systemzustandes nach Auftreten einer Störung. Hierbei dient der zuletzt gespeicherte Zustand als Referenz für die Datenbasis, um dort neu aufsetzen zu können.

7.2.4 Module auf dem Echtzeitsystem

Die Module auf dem Echtzeitsystem besitzen keine Benutzeroberfläche. Auf eine direkte Interaktion mit dem Benutzer wurde aus Sicherheitsgesichtspunkten bewußt verzichtet. Das Basissystem ist ROM-resistent, daher unabhängig vom Versagen eines Plattenlaufwerks. Alle Module des Echtzeitsystems laufen völlig asynchron zum PC, eine Verbindung besteht ausschließlich über die gemeinsame Datenbasis. Die einzelnen Softwaremodule des Echtzeitsystems werden in den folgenden Abschnitten kurz beschrieben.

Feldbusmodul

Das Feldbusmodul erfaßt die meisten Anlagedaten und bereitet sie auf. Durch den Einsatz eines Feldbusses kann der Erfassungsrechner wesentlich entlastet werden. Eigene Prozessoren der dezentralen Module führen bereits eine Vorverarbeitung der Daten durch. Die digitale Übertragung mit einer Hamming-Distanz von 6 schließt Übertragungsfehler in der Verdrahtung und bei Steckverbindungen aus [7.6]. Leitungswiderstände haben keinen Einfluß auf Analogsignale. Die Kommunikation der Feldbusmodule mit dem Bordrechner erfolgt über drei Zugriffsarten:

Zyklische Aktualisierung der Kanäle

Während des Arbeitsprozesses werden alle Kanäle, die der Gruppe „Anlagenzustand" zugeordnet sind, zyklisch eingelesen und im gemeinsamen Speicher für alle Programme bereitgestellt.

Abfrage der einzelnen Kanäle auf Anforderung

Beim Systemtest und bei der Prüfung eines Systemzustandes werden alle Signale aktualisiert, jeder benötigte Kanal wird abgefragt.

Aktualisierung der Datenbasis bei Auftreten eines Ereignisses

Die Kanäle können so konfiguriert werden, daß sie bei Überschreiten eines Grenzwertes oder bei Zustandsänderung ein Signal senden. Dieses Signal löst einen Analyseprozeß aus, der den Zustand bewertet und gegebenenfalls notwendige Maßnahmen, wie die Ausgabe von Meldungen oder den Anlagenstopp, veranlaßt.

Steuerungs- und Überwachungsmodul

Das Steuerungs- und Überwachungsmodul stellt den gemeinsamen Speicher zur Verfügung und überwacht die zeitliche Korrektheit der Datenerfassung. Setzt ein Erfassungsmodul aus, wird es erneut aktiviert. Ist keine Aktivierung möglich, wird das Gesamtsystem gestoppt.

Analog Ein- und Ausgänge

Schnelle zyklische Signale werden von einem eigenen Modul mit hoher Priorität verwaltet. Eine speziell für schnelle zyklische Erfassung und Ausgabe ausgelegte Karte wird von diesem Modul bedient. Das Modul besitzt eine Schwellwertprüfung und einen digitalen Tiefpaßfilter. Die Daten werden in physikalischen Einheiten abgelegt.

Filter und Transformation

Dieses Modul beinhaltet weitere Filteralgorithmen und Transformationen zur Aufbereitung der Daten. Überwacht werden hier hauptsächlich die Wascheinrichtung und die Kräfte am Manipulator. Eine Beschreibung der Algorithmen wird in den nachfolgenden Kapiteln aufgezeichnet.

7.2.5 Geometrieverarbeitung

Die Geometrieverarbeitung basiert auf einer objektorientierten Bibliothek (GeoLib) zur Berechnung redundanter Kinematiken. Sie hat die Aufgabe, Ungenauigkeiten zu kompensieren und nötige Transformationen durchzuführen. Gesteuert wird dieses Programm über die Ablaufsteuerung. Die Geometrieverarbeitung hat folgende Aufgaben:

- ❏ Die Namen für die Datenfiles werden generiert.
- ❏ Für jedes Programm wird eine Liste mit Bahnpunkten angelegt.
- ❏ Die weiteren Daten werden eingelesen und auf Vollständigkeit geprüft.
- ❏ Das Aufbereiten der Daten zum Generieren eines Programms für die Bewegungssteuerung. Die einzelnen Funktionen wie Transformation, Kompensation der relativen Lage und Mode-Steuerung werden in den nachfolgenden Kapiteln beschrieben.
- ❏ Generator zur Erzeugung von Steuerungsprogrammen
- ❏ Programmtracer zum Verfolgen der aktuellen Position und zum Vergleich mit dem Basisprogramm

Die Softwaremodule zur Geometrieverarbeitung weisen wiederum eine hierarchische Gliederung auf, die nach dem Geltungsbereich der Daten und demzufolge dem Schwerpunkt der algorithmischen Verarbeitung gestaltet wird. Die Gliederungsebenen sind in Bild 7.6 dargestellt.

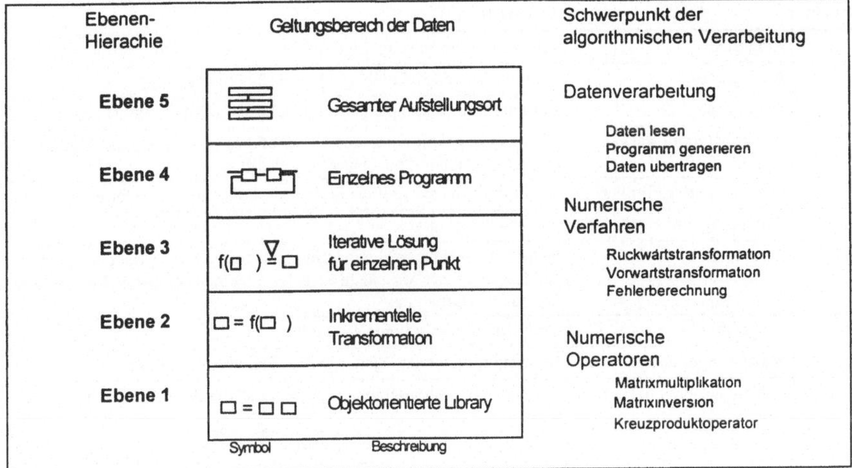

Bild 7.6:   Hierarchische Gliederung der Softwareebenen

Die einzelnen Ebenen werden nicht in dieser Form in die Objekthierarchie der Programmierung abgebildet. Sie stellen eine „Teil ⇨ Ganzes" Beziehung auf. Die Objekthierarchie ist in einer „allgemein ⇨ speziell" Beziehung aufgebaut, wie beispielsweise die Abfolge der Klassen von Operatoren: „Feld ⇨ Matrrix ⇨DH-Matrix" oder wie die Beziehung der Klassen zur Beschreibung der Kinematik: „Gelenk ⇨ Drehgelenk ⇨ elastisches Drehgelenk".

7.3 Die Ablaufsteuerung des Waschprozesses im Bordrechner

Die Ablaufsteuerung gewährleistet einen sicheren und vollständigen Ablauf der einzelnen Phasen des Arbeitsprozesses. Es wird davon ausgegangen, daß das System betriebsbereit ist und sich die Off-Line programmierten Waschprogramme auf dem Bordrechner befinden. Die Schaltfunktionen durch den Bediener sind nur möglich, wenn gewisse Systemzustände erreicht sind. Durch dieses Konzept wird ein sicherer Betrieb der Anlage gewährleistet. Die Tabelle 7.2 und 7.3 beschreibt die wichtigen Systemzustände.

Schritt	Status	Beschreibung
15.	System OK	Die Überprüfung des Systems hat keinen Fehler gefunden.
16.	Leistung ausreichend	Der Motor läuft und die Drehzahl ist richtig eingestellt
17.	Antriebe Ein	Der Systemdruck der Hydraulik ist aufgebaut
18.	Mast liegt auf	So lange der Mast aufliegt, kann eine Positionsbestimmung durchgeführt werden Die Vorbereitungen zur Wäsche sind noch nicht abgeschlossen.
19	Abgestutzt	Hardwareuberwachung der Standsicherheit liefert kein Fehlersignal
20.	Wascheinrichtung OK	Überwachung der Waschbürste liefert kein Fehlersignal.

Tabelle 7.2:   Systemzustände der Anlage (durch Sensorabtastung)

Schritt	Status	Beschreibung
1.	Aufgestellt	Fahrzeug hat seine endgültige Aufstellposition erreicht.
2.	Ausgewählt	Flugzeugtyp und Aufstellung sind gewählt und bestätigt.
3.	Abgestützt	Das Fahrzeug ist komplett abgestützt. Die Standsicherheit ist gegeben.
4.	Basisprogramme geladen	Die Basisprogramme wie Aus- und Einfalten sowie einige Definitionsprogramme sind auf die Steuerung geladen.
5.	Programme transformiert	Die Programme sind auf die gemessene Aufstellung transformiert.
6.	Waschprogramme geladen	Die Waschprogramme sind auf die Steuerung geladen.
7.	Eingemessen	Ist die Einmessung erfolgreich abgeschlossen, sind alle Randbedingungen festgelegt, der Mast kann ausgefaltet werden und parallel werden die Programme aufbereitet.
8.	Ausgefaltet	Der Manipulator ist komplett entfaltet.
9.	Wäsche begonnen	Der erste Kontakt der Bürste mit dem Flugzeug ist erfolgt.
10.	n. Waschprogramm beendet	Wird das 1.Waschprogramm gestartet, muß die Bahnkorrektur aktiviert werden.
11.	Wäsche beendet	Sind alle Waschprogramme abgearbeitet, kann wieder eingefaltet werden.
12.	Eingefaltet	Der Manipulator ist komplett eingefaltet, der Mast liegt wieder auf, die Stützen können wieder bewegt werden.
13.	Abstützung eingefahren	Die Abstützung wird eingefahren und die Stützen sind verriegelt.
14.	Aufstellung beendet	Die Programme auf der Steuerung werden gelöscht und das gesamte System wird in den Ausgangszustand versetzt.

Tabelle 7.3:   Systemzustände der Anlage (aufeinanderfolgend)

Für diese Systemzustände gibt es eine Verknüpfungstabelle, die prüft, ob der Übergang von einem Zustand zum nächsten möglich ist. Es gibt Bedingungen, die erfüllt sein müssen, Zustände, die nicht aktiv sein dürfen. Auf dem Bordrechner werden zusätzliche Übergangsbedingungen eingeführt, die den Ablauf eines Prozesses beschreiben, wobei 5 Zustände unterschieden werden:

Übergangs-bedingung	Beschreibung
eingeplant	Durch Betätigen einer Eingabe oder Ablauf eines Zeitintervalls kann ein Prozeß eingeplant werden. Dieser Zustand bleibt so lange aktiv, bis alle Voraussetzungen erfüllt sind, den Prozeß zu aktivieren, oder die Einplanung wieder aufgehoben wird.
aktiviert	Der Prozeß wird vom System aktiviert. Dieser Vorgang dauert so lange, bis die Dialoge dargestellt sind und der Status aktualisiert und gesichert ist.
läuft	Wenn das Flag *läuft* gesetzt wird, beginnt die eigentliche Aktion des Prozesses.
unterbrochen	Ein Prozeß kann durch einen höher priorisierten Prozeß oder durch den Bediener unterbrochen werden. Danach kann er entweder wieder in den Zustand *läuft* oder den Zustand *beendet* überführt werden.
beendet	Wird ein Prozeß beendet, setzt die Ablaufsteuerung den neuen Status.

Tabelle 7.4   Verknüpfungstabelle der Ablaufsteuerung

Die Übergangsbedingungen regeln die Aktivierung von Modulen: Wird ein Prozeß beendet, können ein oder parallel mehrere Prozesse aktiviert werden. Ein Steuerprogramm plant automatisch eine Sequenz der Prozesse vor, die durch den Bediener gesteuert werden. Er kann

Schritte abbrechen und im Steuerprogramm an eine definierte Stelle zurückspringen oder zwischen vorgeplanten Varianten auswählen.

Durch dieses Verfahren wird es möglich, den Bediener durch den Waschprozeß zu führen, wobei nur eine endliche definierte Menge von Aktionen möglich ist. Die Verknüpfungstabelle gibt keinen starren Ablauf vor, liefert aber klare Regeln für die Verknüpfung der Prozesse.

Aufstellen des Manipulators am Flugzeug

Steht fest, an welchem Aufstellungsort gewaschen werden soll, fährt der Fahrer den LKW in den vorgegebenen Aufstellungskreis. Ein Einweiser erleichtert ihm die Orientierung am Flugzeug, um der Referenzposition möglichst nahe zu kommen. Der Fahrer wählt den Flugzeugtyp und den Aufstellungsort am Bedieninterface des Bordrechners aus. Das Einmessen durch den 3D-Laser-Sensor wird automatisch gestartet.

Während die Messung durchgeführt wird, können die Vorbereitungen zur Aufstellung des Fahrzeuges eingeleitet werden. Die Messung liefert als Ergebnis die Variation des Aufstellungsortes und weist auf eine Korrektur hin, wenn diese nötig sein sollte; danach können die Stützen ausgefahren werden.

Bestimmung und Kompensation der relativen Lage am Flugzeug

Ist das Fahrzeug sicher abgestützt, kann eine zweite hochgenaue Positionsbestimmung erfolgen. Diese Messung wird aus Sicherheitsgründen vom Bediener veranlaßt, er muß hierbei nochmals die Wahl des Standortes und des Flugzeugtypes bestätigen. Während diese Positionsbestimmung durchgeführt wird, beginnt der Bordrechner automatisch die Basisprogramme für den gewählten Aufstellungsort zu laden. Basisprogramme sind alle Programme, die unabhängig von der exakten Position am Flugzeug sind, wie beispielsweise Ein- und Ausfaltprogramme sowie Steuerprogramme.

Sind die Programmübertragung und die Einmessung mit positivem Ergebnis abgeschlossen, kann der Manipulator entfaltet werden. Gleichzeitig beginnt der Bordrechner die Off-Line erstellten Programme auf die aktuelle relative Lage des Manipulators zum Flugzeug umzurechnen. Ist der Ausfaltvorgang abgeschlossen, werden die Waschprogramme auf die Steuerung geladen.

Beginn der Waschphase

Der Bediener kann das erste Waschprogramm starten, während der Bordrechner automatisch in den Überwachungsmodus schaltet und die On-Line Bahnkorrektur aktiviert. Es sind hierfür keine weiteren Bedienhandlungen nötig. Danach kann der gesamte Waschprozeß durchgeführt werden. Nur, wenn Systemstörungen auftreten, die nicht automatisch durch Maßnahmen des Bordrechners behoben werden können, muß abhängig von der Art der Störung der Bediener oder der Vormann diese Störung beseitigen. Bei schwerwiegenden Störungen muß das Wartungspersonal gerufen werden.

8 Erprobung des Verfahrens

8.1 Der Ablauf einer automatisierten Flugzeugwäsche

8.1.1 Aufstellungsphase

Eine Flugzeugwäsche beginnt mit der Inbetriebnahme des Systems. Der Bordrechner startet automatisch alle Prozesse. Auf dem Bedieninterface des Bordrechners erscheint das Grundmenu, das in Bild 8.1 dargestellt ist .

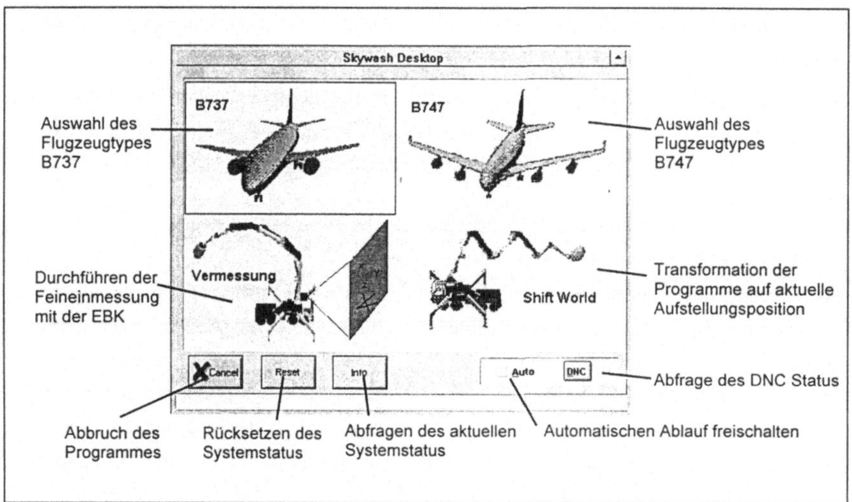

Bild 8.1:　Grundmenu auf der Bedieneinheit des Bordrechners

Der Fahrer befindet sich am Steuer des Fahrzeuges, während er das Fahrzeug auf den gewählten Aufstellungspunkt führt. In der Versuchsphase hatte der Fahrer Schwierigkeiten, die Position und Orientierung gleichzeitig exakt zu erreichen, wodurch sich das Aufstellen des Fahrzeuges als schwieriger und zeitraubender Prozeß gestaltete. Durch die Verwendung eines Einweisers kann dieses Problem vereinfacht werden. Jedoch ist es trotz Einweiser nicht immer möglich, den richtigen Orientierungswinkel zu finden. Am besten ist die Reproduzierbarkeit mit einer Streuung der Winkelfehler von weniger als 3° bei Absolutwinkeln von 0° und 90°. Die erste Winkelhalbierende wird ebenfalls hinreichend genau erreicht. Doch bereits bei 30°-Winkeln wird die Streuung der Anfahrwinkel größer als 5°.

Ist die Aufstellungsposition erreicht, kann auf der Bedienoberfläche ein Flugzeugtyp, das Kennzeichen des Flugzeuges sowie der aktuelle Aufstellungsort gewählt werden. Die Auswahl wird angezeigt und muß bestätigt werden. Die Positionsvermessung mit der EBK wird automatisch gestartet, wobei die Positionsbestimmung etwa 3 Minuten dauert. Während dieser Zeit kann der Bediener die Wäsche vorbereiten. Entriegeln der Stützbeine, Sichtkontrolle der Anlage, war die erste Positionsbestimmung nicht erfolgreich, muß eine Korrektur der Aufstellungsposition durchgeführt werden, diese kann beliebig oft wiederholt werden.

Eine Vermessung durch die Entfernungsbildkamera zeigt deutlich das Toleranzfeld der Aufstell-Position und Orientierung. In der Regel kann durch eine Positions- und Orientierungskorrektur eine Aufstellung im Raster gefunden werden. Die Koordinaten der endgültigen Aufstellungen für insgesamt 141 erfolgreiche Versuche sind in Bild 8.2 dargestellt.

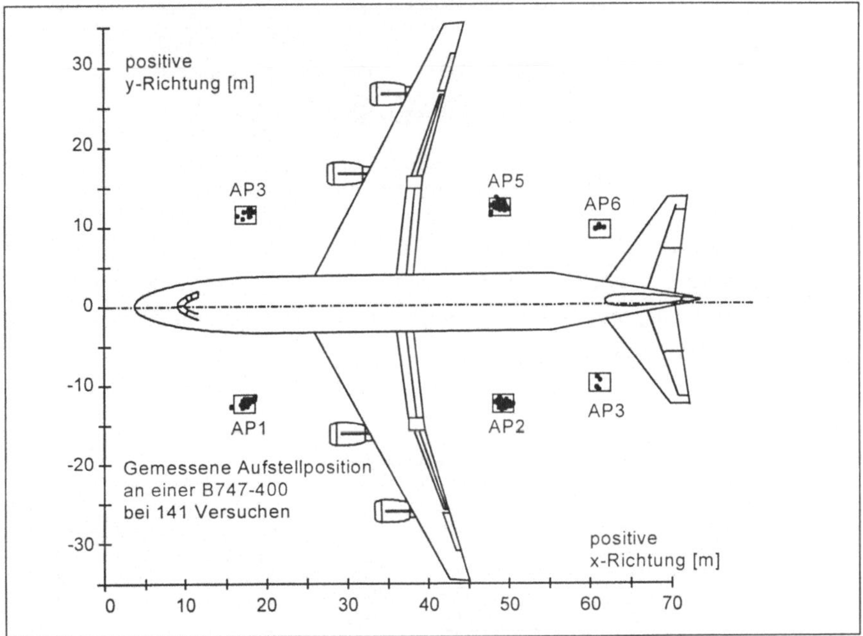

Bild 8.2:   Aufstellungsort mit Streubild der Aufstellungen

Liefert die Einmessung ein positives Ergebnis, kann das Fahrzeug abgestützt werden. Dazu muß das Bediengerät der Bewegungssteuerung angeschlossen werden. Die Steuerungsfunktion muß vom Bediener ausgeführt werden, wobei er sich vergewissern muß, daß niemand gefährdet wird. Die Stützbeine werden rechnerunterstützt ausgeschwenkt und abgestützt. Durch eine Sichtkontrolle wird sichergestellt, daß das Fahrzeug richtig abgestützt ist. Sobald der Bordrechner die Quittung für den Abstützprozeß erhält, startet er automatisch eine weitere Vermessung durch die EBK. Parallel zur Vermessung werden die Basisprogramme auf die

Steuerung übertragen. Sobald der Meßvorgang abgeschlossen ist, kann das Ausfaltprogramm starten, wie in Bild 8.3 dargestellt.

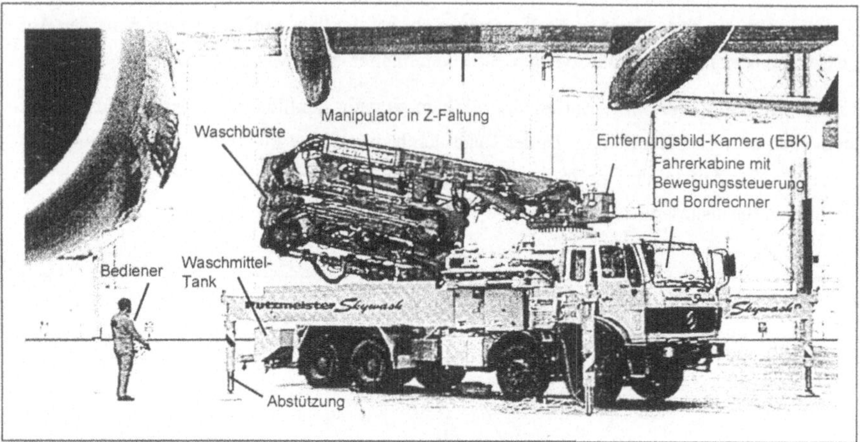

Bild 8.3:   Abstützen des Fahrzeuges ist abgeschlossen, der Manipulator wird entfaltet

Ist die Aufstellung abgeschlossen, das heißt: die endgültige Lage des Manipulators zum Flugzeug steht fest, dann werden die Programme auf die Referenzlage umgerechnet, wobei der Manipulator gleichzeitig ausgefaltet wird. Der gesamte zeitliche Ablauf des Aufstellungsprozesses ist in Bild 8.4 dargestellt.

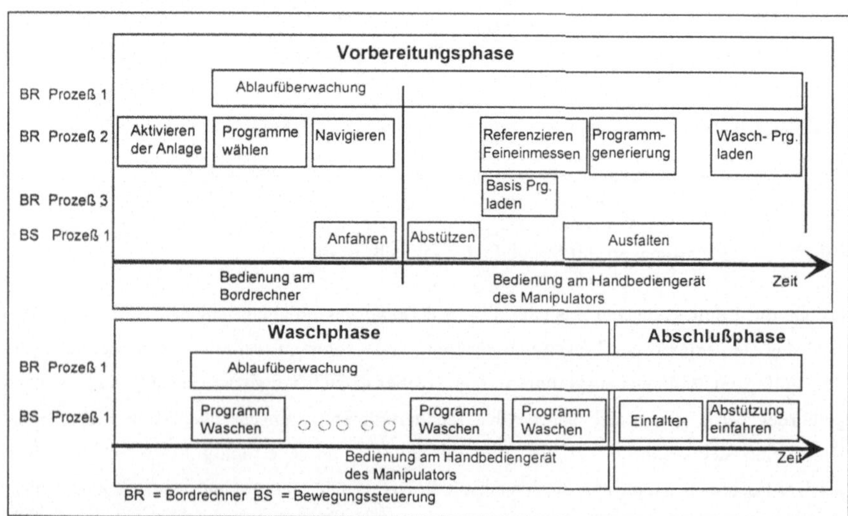

Bild 8.4:   Ablaufdiagramm der Wäsche

Die Zeit für die Transformation der Programme und für das Ausfalten hängt vom Aufstellungsort ab, wobei sich die Ausfaltzeit links und rechts durch den unterschiedlichen Winkel der Drehachse unterscheidet. Die Verlängerung der Transformationszeit T_{ges} ist proportional der Anzahl k der Bahnpunkte pro Aufstellungsort.

$$T_{ges} = T_0 + n^*T_k$$

Die Zeit T_0 wird dazu benötigt, das Transformationsprogramm zu aktivieren und Vorbedingungen zu prüfen. Gemessene Zeiten für die verschiedenen Prozesse, abhängig vom Aufstellungort, sind in Tabelle 8.1 dargestellt.

B747	AP 1 rechts	AP 1 links	AP 2 rechts	AP 2 links	AP 3 rechts	AP 3 links
Transformation	9 min	9 min	12 min	12 min	6 min	6 min
Ausfalten	10 min	9 min	15 min	12min	12 min	10 min
B737						
Transformation	5 min	5 min	8 min	8 min	-	-
Ausfalten	9 min	8 min	10 min	6 min	-	-

Tabelle 8.1:   Gemessene Zeiten für die Transformation und das Ausfalten

In der Regel liegt die Zeit für die Transformation unter der des Ausfaltprozesses. Es wurde hier versucht, das Zeitverhalten so einzustellen, daß das Verhältnis von Genauigkeit und Geschwindigkeit günstig wird. Sobald der Ausfaltprozeß abgeschlossen ist, können die Programme auf die Steuerung geladen werden. Der Bediener muß sich allerdings vorher vergewissern, daß kein Fehler aufgetreten ist. Enthält ein neues Programm einen Fehler, so wird es nicht auf die Steuerung übertragen und die betreffende Fläche wird somit nicht gewaschen. Soll trotzdem ein neues Programm getestet werden, muß es manuell geladen werden, nachdem sich der Bediener das Fehlerprotokoll angesehen hat. Damit ist die Vorbereitungsphase abgeschlossen, es beginnt die Waschphase.

8.1.2 Durchführen der Flugzeugwäsche (Waschphase)

Dieser Abschnitt beschreibt den Ablauf einer Wäsche und zeigt kritische Stellen sowie den zeitlichen Ablauf der Waschphase auf. Nach dem Ausfaltprozeß besitzt der Manipulator die charakteristische Bogenform mit einem deutlichen Knick in den Handachsen wie in Bild 8.5 dargestellt. Wie am Beispiel zur Wäsche des Seitenleitwerkes einer B747 gezeigt.

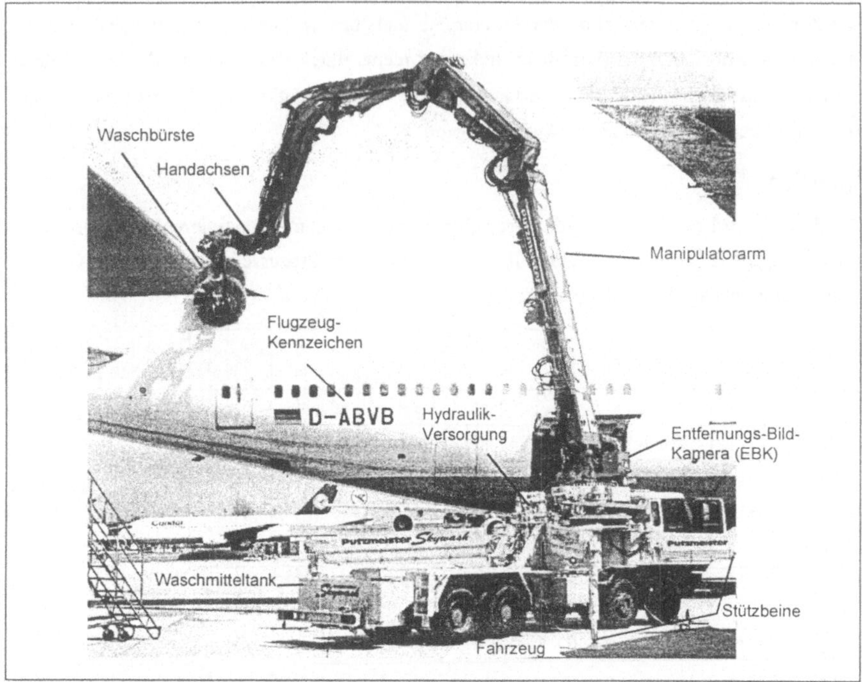

Bild 8.5:   Manipulator ausgefaltet zur Wäsche des Seitenleitwerkes

Die Wäsche muß aus verfahrenstechnischen Gründen von unten nach oben durchgeführt werden. Sie beginnt gleich mit der ersten kritischen Phase, dem Aufsetzen der Bürste auf dem Rumpf, die in Bild 8.6 abgebildet ist. Nur durch langsames Anfahren ist es möglich, die Bürste auf die Oberfläche zu adaptieren. Bei der 1.Waschbahn muß dann die Bürste mit geringer Beschleunigung auf die nominale Arbeitsgeschwindigkeit gebracht werden. Das Geschwindigkeits- und Beschleunigungsprofil wird bereits durch die Off-Line-Programmierung vorgegeben. Das bedeutet, die programmierte Vorgabe entspricht einer Geschwindigkeit, die der Bediener proportional von 0% bis 100% ansteuern kann. Sollte sich das System nicht erwartungsgemäß verhalten, kann der Bediener die Geschwindigkeit reduzieren und dadurch den modellgestützten Überwachungsalgorithmen mehr Zeit geben, die Bürste besser zu adaptieren und ihre Position zu korrigieren.

Die erste Bahn wird abhängig von der vorgewählten Geschwindigkeit gewaschen. Am Ende der Bahn wird wieder langsam abgebremst, um einen Umsetzvorgang oder eine Umkonfiguration einzuleiten. Das Beschleunigungsprofil am Bahnende wird so eingestellt, daß die durch die Dynamik der Manipulatorregelung verursachten Positionsabweichungen minimal werden.

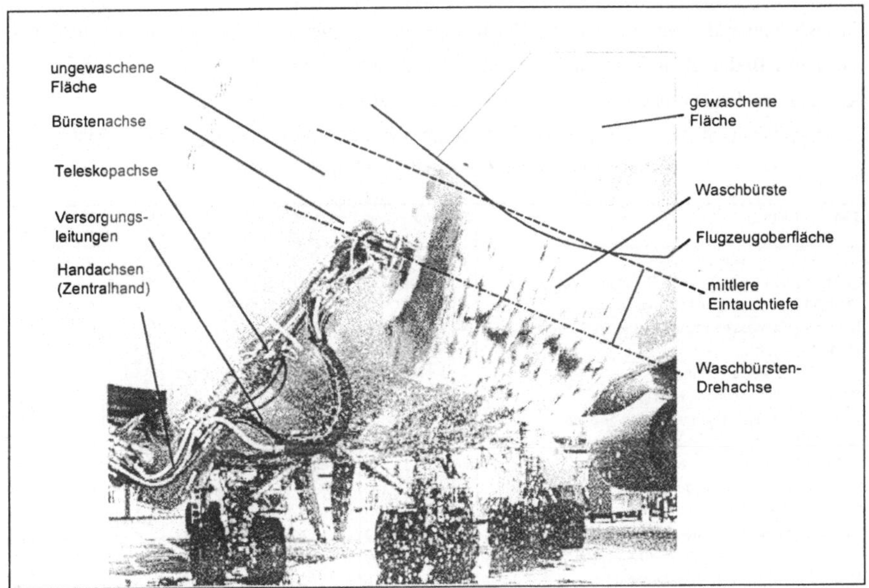

Bild 8.6:   Beginn der Wäsche an der Rumpf-Unterseite

Ein Umsetzvorgang wird auf der Flugzeugoberfläche, mit der Waschbürste im Eingriff, durchgeführt, um nicht unnötig Zeit durch das Abheben der Bürste und neues Ansetzen zu verlieren. Bei der Umkonfiguration muß die Bürste von der Flugzeugoberfläche abgehoben werden. Dafür wird das Bahnkorrektursystem auf *passiv* geschaltet und die Orientierung der Bürste festgehalten. In sicherem Abstand zur Flugzeugoberfläche werden die Handachsen und die Manipulatorkinematik umkonfiguriert. Das erneute Aufsetzen auf die Oberfläche erfolgt, wie beim ersten Aufsetzen, mit geringer Geschwindigkeit und passivem Bahnkorrektursystem. Die Adaption der Bürste muß genügend Zeit haben, die Orientierung und den Abstand zur Oberfläche stabil einzustellen sowie der Bahnkorrektur Spielraum zu geben, eventuell auftretende Toleranzen auszugleichen. In dieser Vorgehensweise wird das gesamte Rumpfsegment gewaschen, danach folgt die Wäsche des Höhenleitwerks.

Der letzte Waschbereich ist die Tragfläche. Ein kritischer Bereich ist hier die hintere Tragflächenkante, an der sogenannte „static dischargers" angebracht sind. Diese empfindlichen Bauteile dürfen nicht von den Waschborsten der Bürste überfahren werden.

Sind das Rumpfsegment, das Höhenleitwerk und das Tragflächensegment gewaschen, kann der Manipulator wieder eingefaltet werden. Das Einfahren der Abstützung schließt die Waschphase ab. Der Bordrechner setzt bei der ersten Bewegung der Stützen alle Koordinaten und Programme ungültig und schließt automatisch die Protokolldateien der Aufstellung. Der nächste Aufstellungsort kann bearbeitet werden.

Die Bedienhandlungen werden vom Bordrechner protokolliert, um Aufschlüsse über die Effizienz des Bedienablaufs und mögliche Störungsursachen zu erhalten. Die Tabelle 8.2 zeigt Ausschnitte des Protokolls einer Wäsche, das den zeitlichen Ablauf einer Waschphase abbildet. Das Protokoll ist bereits gekürzt und enthält nur die für den Ablauf wichtigen Eintragungen. Es werden die Systemzustände aus den Tabellen 7.3 und 7.4 benutzt.

Zeit	Aktion	Systemzustand × gesetzt													O nicht gesetzt					
		1	2	3	4	5	6	7	8	9	10	11	12	13	14	15	16	17	18	19	20
13.01:00	Startposition erreicht	×		O	O	O	O	O	O	O	O	O	O	O	O	×	O	O	×	O	O
13:01:11	B747-400 D-ABTF Thüringen Ap2l	×	×	O	O	O	O	O	O	O	O	O	O	O	O	×	O	O	×	O	O
13:01:35	Einmessen mit EBK gestartet	×	×	O	O	O	O	O	O	O	O	O	O	O	O	×	O	O	×	O	O
13:05:54	Einmessen abgeschlossen Ap2 erreicht	×	×	O	O	O	O	O	O	O	O	O	O	O	O	×	O	O	×	O	O
13:09:20	Abstützen läuft	×	×	O	O	O	O	O	O	O	O	O	O	O	O	×	×	×	×	O	O
13:13:31	Abstützen beendet	×	×	×	O	O	O	O	O	O	O	O	O	O	O	×	×	×	×	×	O
13:17:27	Einmessen mit EBK gestartet	×	×	×	O	O	O	O	O	O	O	O	O	O	O	×	O	O	×	×	O
13 17.44	Basisprogramme werden geladen	×	×	×	O	O	O	O	O	O	O	O	O	O	O	×	O	O	×	×	O
13 20.07	Basisprogramme sind geladen	×	×	×	×	O	O	O	O	O	O	O	O	O	O	×	O	O	×	×	O
13 22.23	Programmstart Nr. 40 (Ausfalten)	×	×	×	×	O	O	O	O	O	O	O	O	O	O	×	×	×	×	×	O
13 23:13	Einmessen abgeschlossen Ap2 Variation 17	×	×	×	×	O	O	×	O	O	O	O	O	O	O	×	×	×	O	×	O
13 23.16	Transformation der Programme läuft	×	×	×	×	O	O	×	O	O	O	O	O	O	O	×	×	×	O	×	O
13:26.10	Generierung der Steuerungsprogramme läuft	×	×	×	×	O	O	×	O	O	O	O	O	O	O	×	×	×	O	×	O
13 30 55	Programmende Nr. 40 (Ausfalten)	×	×	×	×	×	O	×	×	O	O	O	O	O	O	×	O	O	O	×	O
13 32 16	Programme sind transformiert	×	×	×	×	×	O	×	O	O	O	O	O	O	O	×	×	×	O	×	O
13.32.18	Programme werden geladen	×	×	×	×	×	O	×	×	O	O	O	O	O	O	×	O	O	O	×	O
13:35:46	Programme vollständig geladen	×	×	×	×	×	×	×	×	O	O	O	O	O	O	×	O	O	O	×	O
13 41 29	Programmstart Nr 41 (Startposition anfahren)	×	×	×	×	×	×	×	×	O	O	O	O	O	O	×	×	×	O	×	×
13:57:39	Programmende Nr. 41	×	×	×	×	×	×	×	×	O	O	O	O	O	O	×	×	O	O	×	×
13 57 44	Bahnkorrektur gestartet passiv	×	×	×	×	×	×	×	×	O	O	O	O	O	O	×	×	×	O	×	×
14.02:47	Programmstart Nr. 42 (Rumpf unten)	×	×	×	×	×	×	×	×	O	O	O	O	O	O	×	×	×	O	×	×
14 09.43	Erster Eingriff der Bürste am Flugzeug	×	×	×	×	×	×	×	×	×	O	O	O	O	O	×	×	×	O	×	×
14:09:47	Bahnkorrektur aktiv	×	×	×	×	×	×	×	×	×	O	O	O	O	O	×	×	×	O	×	×
14 19 32	Programmende Nr. 42	×	×	×	×	×	×	×	×	×	×	O	O	O	O	×	×	O	O	×	×
14:21:40	Programmstart Nr 43 (Rumpf Seite unten)	×	×	×	×	×	×	×	×	×	O	O	O	O	O	×	×	×	O	×	×
14.30.01	Programmende Nr. 43	×	×	×	×	×	×	×	×	×	×	O	O	O	O	×	×	O	O	×	×
14:31 57	Programmstart Nr. 44 (Rumpf hinten)	×	×	×	×	×	×	×	×	×	O	O	O	O	O	×	×	×	O	×	×
14 42 34	Programmende Nr 44	×	×	×	×	×	×	×	×	×	×	O	O	O	O	×	×	O	O	×	×
14:45.54	Programmstart Nr. 45 (Leitwerk unten)	×	×	×	×	×	×	×	×	×	O	O	O	O	O	×	×	×	O	×	×
14.57:34	Programmende Nr. 45	×	×	×	×	×	×	×	×	×	×	O	O	O	O	×	×	O	O	×	×
14 57 48	Programmstart Nr. 46 (Rumpf oben)	×	×	×	×	×	×	×	×	×	O	O	O	O	O	×	×	×	O	×	×
15 13:12	Programmende Nr. 46	×	×	×	×	×	×	×	×	×	×	O	O	O	O	×	×	O	O	×	×
15:13:39	Programmstart Nr. 47 (Tragfläche oben hinten)	×	×	×	×	×	×	×	×	×	O	O	O	O	O	×	×	×	O	×	×
15.33.53	Programmende Nr 47	×	×	×	×	×	×	×	×	×	×	O	O	O	O	×	×	O	O	×	×
15 33:59	Programmstart Nr. 48 (Tragflächel oben mitte)	×	×	×	×	×	×	×	×	×	O	O	O	O	O	×	×	×	O	×	×
15:41.09	Programmende Nr. 48	×	×	×	×	×	×	×	×	×	×	O	O	O	O	×	×	O	O	×	×
15:42:24	Programmstart Nr. 49 (Tragfläche unten aussen)	×	×	×	×	×	×	×	×	×	O	O	O	O	O	×	×	×	O	×	×
15 54:16	Bahnkorrektur beendet	×	×	×	×	×	×	×	×	×	O	O	O	O	O	×	×	×	O	×	×
15 54:19	Programmende Nr. 49	×	×	×	×	×	×	×	×	×	×	×	O	O	O	×	×	O	O	×	×
15:55.57	Programmstart Nr. 50 (Einfaltposition anfahren)	×	×	×	×	×	×	×	×	×	O	×	O	O	O	×	×	×	O	×	×
15.58:22	Programmende Nr. 50	×	×	×	×	×	×	×	×	×	×	×	O	O	O	×	×	O	O	×	O
16 00:49	Programmstart Nr. 51 (Einfalten)	×	×	×	×	×	×	×	×	×	O	×	O	O	O	×	×	×	O	×	O
16:07:40	Programmende Nr. 51	×	×	×	×	×	×	×	×	×	×	×	×	O	O	×		O	×	×	O
16.12:27	Stützen einfahren läuft	×	×	O	×	O	×	O	O	O	O	×	×	O	O	×	×	×	×	O	O
16:16.03	Stützen sind eingefahren	×	×	O	×	O	×	O	O	O	O	×	×	×	O	×	O	O	×	O	O
16.16.26	Waschprozeß beendet	×	×	O	×	O	×	O	O	O	O	×	×	×	×	×	O	O	×	O	O
16.17.06	Aufstellung beendet	O	O	O	O	O	O	O	O	O	O	O	O	O	O	×	O	O	×	O	O

Tabelle 8.2:   Protokoll des Ablaufes

Viele Zwischenzustände wie z.B. eine kurze Bahnunterbrechung sind hier nicht protokolliert. Deutlich wird jedoch, daß der Ablauf während der Rüstphase teilweise parallelisiert ist und zwischen den Aktionen nur kleine Bedienzeiten liegen. Während der Waschphase sind diese Bedienzeiten wesentlich länger.

8.2 Geometrieverarbeitung

8.2.1 Test der absoluten Genauigkeit

Die Ergebnisse der Geometrieverarbeitung mit dem Schwerpunkt der Kompensation von Ungenauigkeiten soll in diesem Abschnitt aufgezeichnet werden. Überprüft werden sollen die absolute Genauigkeit des Manipulatorsystems und die Leistungsfähigkeit der statischen Kompensationen, womit die errreichte Kompensationsgüte dokumentiert wird.

Die Güte der Kalibration des Systems kann durch einfache Messungen nachvollzogen werden, dabei werden im Arbeitsraum einige Punkte ausgewählt und diese bezüglich eines ortsfesten Bezugssystems vermessen. Das Ergebnis von Punktmessungen, die mit für die Wäsche günstigen Konfigurationen durchgeführt werden, ist in Tabelle 8.3 dargestellt.

Punkt	Koordinaten [m]			Betrag der Abweichung [mm]
	x [m]	y [m]	z [m]	
1	19,453	0,432	3,543	122
2	14,984	4,354	3,631	59
3	-3,734	6,120	1,233	152
4	12,342	5,269	2,563	93
5	7,537	6,124	0,934	78

Tabelle 8.3:   Restfehler am TCP bei einigen repräsentativ ausgewählten Punkten

Der verbleibende Restfehler hat einen Mittelwert von etwa 120 mm, wobei die Größe des Fehlers von der augenblicklichen Konfiguration abhängt. Das bedeutet, dicht zusammenliegende Punkte besitzen einen ähnlichen Fehler und räumlich entfernte Punkte können unterschiedliche Fehler haben. Wichtig für die Abschätzung der Fehlergröße ist der Maximalwert des gemessenen Fehlers. Der größte Fehler kann diesen zwar überschreiten, doch die Größenordnung liegt nicht höher als andere Fehler, die kompensiert werden müssen.

8.2.2 Transformation aller Programme auf die momentane Referenzlage

Durch die Verwendung eines inkrementellen Verfahrens bleibt bei der Tranformation ein gewisser Restfehler. Wird die Iterationstiefe erhöht, kann der Fehler reduziert werden. Gleichzeitig soll die Transformation möglichst schnell ablaufen. Die Iterationstiefe wird so eingestellt, daß der verbleibende Fehler im Verhältnis zum erwarteten Gesamtfehler klein ist. Exemplarisch wird eine Bahn herausgegriffen und der betragsmäßige Fehler am Werkzeug dargestellt.

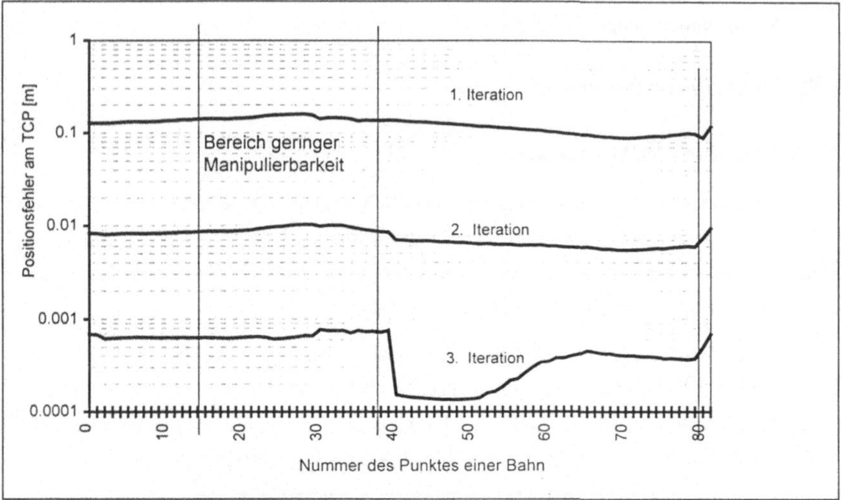

Bild 8.7:   Transformationsfehler am TCP für verschiedene Iterationstiefen

Der Positionsfehler der Transformation für einen beliebigen Bahnpunkt wird pro Iterationsschritt etwa eine Zehnerpotenz kleiner. Bereiche geringer Manipulierbarkeit oder Umkonfigurationen wirken sich erst bei höheren Iterationstiefen aus. Als obere Schranke für den Positionsfehler erhält man bereits mit 2 Iterationen 15 mm. Dieser Fehler ist im Verhältnis zum Erwartungshorizont aller Fehler von ca. 150 mm relativ klein. Das Risiko einer Notabschaltung und der damit verbundene Zeitverlust, der durch den Transformationsfehler entsteht, ist geringer als der Zeitbedarf einer größeren Iterationstiefe.

Die Deformation,der Manipulatorkinematik wird bei dieser Transformation mitgerechnet. Dabei wird die Last am Manipulator berechnet und die Transformationsmatrizen werden einmal belegt. Mit diesen Matrizen werden die Iterationen durchgeführt. Dadurch wird eine sehr hohe Rechengeschwindigkeit bei einem vertretbaren Fehler erreicht.

Der Deformationsanteil der nicht abgeschätzt werden kann und durch das Sensorsystem kompensiert wird, muß stark bedämpft werden, damit keine Eigenschwingungen im System angeregt werden. Aufgrund der Signalfilterung und der Laufzeiten des Abtastsystems ergeben sich Phasenschiebungen, die sich nicht auf die Dynamik auswirken dürfen. Mit einer Einschwingzeit von ca. 15 s wurden gute Resultate erzielt. Das Bahnkorrektursystem soll Toleranzen kompensieren, die nicht vorkompensierbar sind. Der optimale Arbeitspunkt der Bürstenadaption soll gehalten werden und dabei soll sich die Bürste auf der geplanten Bahn bewegen.

Ein wichtiges Kriterium für die Reproduzierbarkeit einer Wäsche ist eine exakte Einhaltung der Konfiguration. Die Spitze von ca. 5 ° Winkelabweichung bei exakter Positionierung tritt bei einer Umkonfiguration auf. Ohne die Verwendung des Aufstellungsrasters ergeben sich Winkelabweichungen von über 30 °. Um Kollisionen auszuschließen, reicht die 5°-Grenze vollkommen aus. Bei einem einfachen least-square Verfahren oder dynamischer Optimierung ist nur eine geringe Reproduzierbarkeit gegeben. Das gewählte einfache Verfahren kann die gesamte Transformation aller Bahnpunkte in relativ kurzer Zeit zuverlässig durchführen, was die Anforderungen voll erfüllt.

8.3 Bahnkorrektursystem und Ablaufüberwachung

Die Adaption der Waschbürste wird so eingestellt, daß die Solleintauchtiefe an den Segmenten der Waschbürste gehalten wird, ohne Schwingungen zu erregen. Die Grenzdynamik ist dabei hauptsächlich durch die Aufbereitung der Eintauchtiefensignale bestimmt. Die Zeitkonstante kann auf 500 ms eingestellt werden.

Die Bahnfehlerkompensation muß ebenfalls sehr träge eingestellt werden. Es kann eine Zeitkonstante von ca. einer Sekunde realisiert werden. Wird die Dynamik weiter erhöht, entsteht ein stabiler Grenzzyklus in der Konfiguration des Manipulators, wobei die Bahngeschwindigkeit auf ein Minimum reduziert wird.

Die Ablaufüberwachung liefert eine stabile Schätzung der TCP-Position. Da die Dynamikanforderungen an dieses System nicht so hoch sind, kann bei der Einstellung mehr Gewicht auf die Stabilität gelegt werden. Die Korrekturfaktoren müssen so eingestellt werden, daß eine aperiodische Dämpfung erreicht wird. Das Modellsystem der Ablaufüberwachung sollte keinesfalls überschwingen. Aus einer zu hohen Dynamik der Ablaufüberwachung folgt die Instabilität des Gesamtsystems.

Das dynamische Verhalten des räumlichen Bahnkorrektursystems wurde untersucht. Bei der Variation der einzelnen Parameter, *shift*-Größe und der Reduzierungsfaktor, zeigte sich die Güte und die Stabilität des Bahnkorrektursystems. Einen bedeutenden Einfluß auf die Dynamik des Bahnkorrektursystems haben ebenfalls die Bahngeschwindigkeit und der gewählte Punktabstand im Programm.

Durch die Verringerung des Punktabstandes kann die Dynamik erhöht werden. Allerdings verlängern sich gleichzeitig die Zeit zum Aufbereiten der Koordinaten und die Übertragungszeit auf die Steuerung. Eine hohe Punktdichte führt auch zu einer höheren Belastung der Steuerung. Dadurch werden, bedingt durch die niedrig priorisierte DNC-Schnittstelle, die Reaktionszeiten verlängert. Ein Optimum der Punktdichte ist etwa bei 5 bis10 Abtastzyklen pro Punkt erreicht, was einem Punktabstand von etwa 20 cm entspricht.

Die gewählte Bahngeschwindigkeit wird durch den Waschprozeß bestimmt. Um eine ausreichende Waschwirkung zu erreichen, muß eine bestimmte Geschwindigkeit eingehalten werden. Als Einstellgrößen bleiben die *shift*-Größe, die einem Verstärkungsfaktor entspricht und der Reduzierungsfaktor, der einer Dämpfung gleichkommt. Der Verlauf des *shift* mit verschiedenen Einstellungen ist in Bild 8.8 dargestellt.

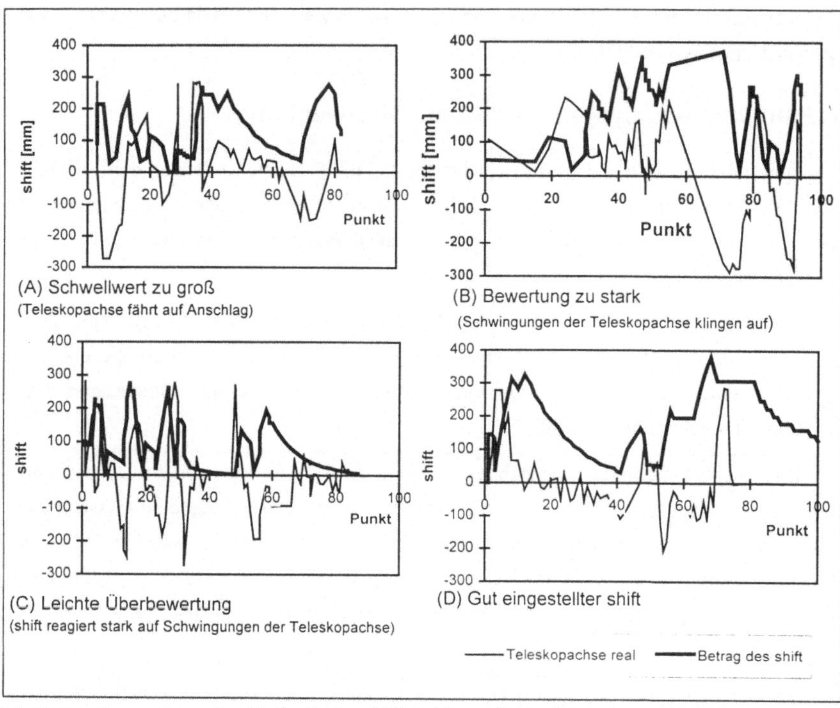

Bild 8.8: Darstellung des Verlaufs der *shift*-Größe am Beispiel mehrerer Bahnen

Die vier hier dargestellten Einstellungen der Bahnkorrektur zeigen charakteristische Systemeigenschaften. In (A) ist der Schwellwert, bei dem der *shift* ausgelöst wird zu groß eingestellt. Das hat zur Folge, daß die Teleskopachse auf Anschlag fährt, ohne daß der *shift* ausreichend reagiert. Im zeitlichen Mittel kann die Position allerdings stabil gehalten werden. Bei (B) spricht die Korrektur früher an, gibt jedoch zu große Korrekturen aus, so daß bei der Teleskopachse eine Schwingung aufklingt. Das System wird instabil. Wird wie in (C) die Bewertung bei geringem Grenzwert, etwas zurückgenommen, entstehen grenzstabile Schwingungen der Teleskopachse. Das System wirkt unruhig und hat einen erhöhten Energiebedarf. In (D) wird das Dämpfungsverhalten durch die Rücknahme des Reduzierungsfaktors verstärkt, das System

- 117 -

verhält sich wesentlich ruhiger. Es baut sich ein wesentlich regelmäßigerer Korrekturwert auf. Die Teleskopachse reagiert trotzdem sehr schnell auf Störungen.

Die real gefahrene Bahn kann aus den während einer Wäsche aufgezeichneten Gelenkwinkeln und sonstigen Referenzkoordinaten näherungsweise bestimmt werden. Der Vergleich von Off-Line-Programmierung und real gefahrener Bahn aus der Modellrechnung zeigt, daß das Bahnkorrektursystem in der Lage ist, mit einer gewissen Toleranz der programmierten Bahn zu folgen. Durch den Einsatz der Off-Line-Programmierung und Verwendung von Verfahren mit gewichteten, kleinsten Fehlerquadraten, bei der Kompensation von Ungenauigkeiten wird es möglich, sehr glatte Gelenkwinkelverläufe zu realisieren. Glatte Gelenkwinkelverläufe verursachen geringe dynamische Kräfte und begünstigen die Regelung des Systems. In Bild 8.9 sind die Gelenkwinkelverläufe der Grundachsen für ein Programm dargestellt, mit dem die Bewegungssteuerung den Manipulator fahren soll.

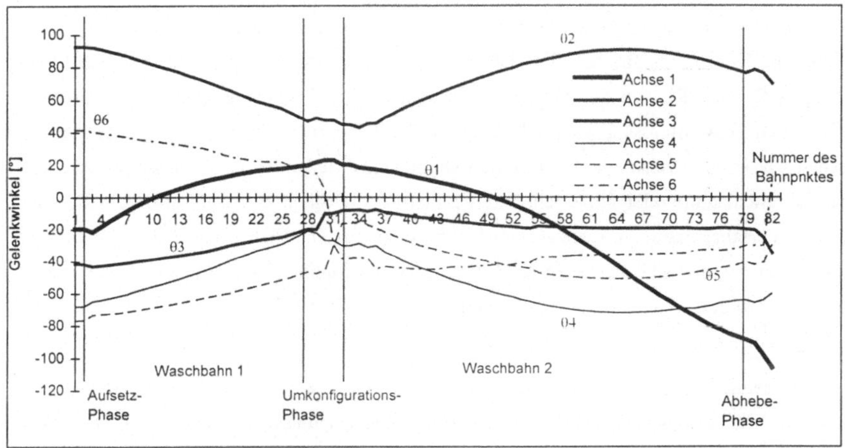

Bild 8.9:   Gelenkwinkelverlauf für ein Programm

Der Kräfteverlauf an den Achsen hat ein ähnliches Aussehen. Sobald größere Beschleunigungen auftreten, neigt das System dazu instabil zu werden, was allerdings durch die Ablaufüberwachung verhindert wird, die in diesem Fall die Bahngeschwindigkeit stark reduziert und die Dämpfung der Regelkreise erhöht. In extremen Situationen kann auch ein „Not-Stop" ausgelöst werden. Ziel ist es also, das System möglichst mit konstanter Achsgeschwindigkeit zu bewegen.

9 Zusammenfassung und Ausblick

9.1 Zusammenfassung

Die mobile, automatisierte Flugzeugwäsche stellt eine völlig neue Anwendung der Automatisierungstechnik dar. Die wesentlichen Randbedingungen sind hier ein schwach strukturierter Arbeitsraum und große Dimensionen bei rauhen Umgebungsbedingungen. Zur Automatisierung der Flugzeugwäsche wird ein hochflexibles Handhabungssystem, das FH 26 eingesetzt, das als Versuchsträger konzipiert wurde.

Ausgehend von der aktuellen Situation der Flugzeugwäsche und ersten Versuchen, die mit dem FH 26 durchgeführt wurden, werden die Anforderungen für das Waschsystem abgeleitet und Entwicklungsschwerpunkte definiert, um ein wirtschaftliches Gesamtsystem für die Flugzeugwäsche zu erhalten.

Aufgrund der hohen Komplexität der mobilen, automatisierten Flugzeugwäsche war es erforderlich, eine Konzeption für den Waschablauf zu erstellen, welche die spezifischen Randbedingungen für den Einsatz des FH 26 berücksichtigt. Die Grundidee hierbei ist, mit dem FH 26 ein Großraumflugzeug wie die Boeing B747 von mehreren festen Aufstellungsorten zu waschen. Da in einer schwach strukturierten Umgebung, wie sie bei der Flugzeugwäsche gegeben ist, unbekannte oder fehlerbehaftete geometrische Größen auftreten, erfordert die Anwendung Verfahren zum Toleranzausgleich. Um eine wirtschaftliche Wartung zu erreichen, ist es notwendig, daß sich Personen im Arbeitsraum des Manipulators aufhalten und parallel Arbeiten ausführen. Aus Sicherheitsgründen wird dadurch ein Rechnersystem erforderlich, das die gesamte Anlage überwacht und auf dem diese Verfahren realisiert sind.

Eine umfassende Analyse und Klassifizierung von Rechnersystemen bilden die Grundlage zur Konzeption der automatisierten Flugzeugwäsche. Kennzeichnend für das in dieser Arbeit entwickelte Verfahren sind drei Phasen: Die Off-Line-Programmierung, die Vorbereitungsphase und die eigentliche Wäsche.

Eine Systematik zur Off-Line-Generierung von Waschbahnen wurde entwickelt, mit der die Wäsche für unterschiedliche Flugzeugtypen strukturiert durchgeführt werden kann. Weiterhin wurde der gesamte Ablauf der automatisierten Flugzeugwäsche mit dem FH 26 spezifiziert, um einen möglichst großen Teil der Flugzeugoberfläche in minimaler Zeit zu waschen.

Basierend auf der Konzeption und Erfahrungen mit Großmanipulatoren wurden mögliche Toleranzen und Fehler von Parametern und Koordinaten im Arbeitsraum in drei Klassen eingeordnet und quantifiziert. Dabei ergibt sich ein möglicher Gesamtfehler an der Waschbürste zur Flugzeugoberfläche von über 2 m . Für jede dieser Fehlerklassen wurde eine spezielle Kompensationsmethode entwickelt.

Eine wesentliche, erste Voraussetzung zum präzisen Ablauf einer Wäsche ist die Kalibrierung des Gesamtsystems, um ausschließlich vom Manipulator abhängige Fehler kompensieren zu können. Hierzu wurde ein Verfahren entwickelt, wobei die Sensorik des Systems in die Kalibrierung miteinbezogen wird. Damit wird es möglich, Off-Line generierte Programme optimal auf die reale Umgebung abzubilden.

Zur Kompensation statischer Toleranzen, die vor Beginn der Wäsche durch Sensoren erfaßt werden können, wurde ein Verfahren entwickelt, mit dem es möglich ist, durch Sensorunterstützung Off-Line programmierte Waschsequenzen auf die reale Oberfläche eines Flugzeuges zu transformieren. Wesentliche Schritte sind dabei die Bestimmung und Kompensation der relativen Lage des Systems zum Flugzeug sowie die Kompensation der Deformation des Manipulatorarms. Die verwendete kinematische Beschreibung und ein numerisch günstiger Algorithmus erlauben es, diese Kompensation schnell und zuverlässig zu realisieren.

Toleranzen, die im voraus nicht quantifizierbar sind, müssen während der Wäsche kompensiert werden. Zu diesem Zweck wurde ein Bahnkorrektursystem entwickelt, das die Bürste in einem, für die Waschwirkung günstigen Bereich, nachführt. Das Bahnkorrektursystem besteht aus zwei Stufen: Einer hochdynamischen Adaption der Handachsen, um die Eintauchtiefe der Waschbürste konstant zu halten und einer quasistatischen Nachführung der Manipulatorkinematik, die den Arbeitspunkt der Adaption und die Waschbürste durch ein Modell der Oberfläche des Flugzeugs nachführt.

Zur praktischen Erprobung der entwickelten Verfahren wurde ein Rechnersystem realisiert, das zusätzlich die gesamte Anlage überwacht und den aktuellen Systemzustand beobachtet. Das Rechnersystem wurde entsprechend der Echtzeitanforderungen der Prozesse zum Toleranzausgleich und zur Überwachung konzipiert. Durch die Verwendung unterschiedlicher Betriebssysteme auf einem Mehrprozessorsystem war es möglich, den Ablauf in der Vorbereitungsphase und während der Wäsche mit parallelen Prozessen zeitoptimal zu gestalten.

Während einer nahezu einjährigen Erprobungsphase wurden die realisierten Rechnersysteme und die entwickelten Verfahren getestet. Die Parameter wurden optimiert, um bei vielfältigen Randbedingungen reproduzierbare Ergebnisse zu erhalten. Die Bedienung des Systems wurde unter Einbeziehung der Wäscher weiterentwickelt, um Fehlbedienungen auszuschließen und den Prozeß dem Bediener vollkommen transparent zu gestalten, sowie die nötigen Bedienhandlungen auf ein Mindestmaß zu beschränken.

9.2 Ausblick

Das Ziel der Weiterentwicklung des Bordrechnerkonzepts ist die Steigerung der Effizienz der verwendeten Verfahren und eine weitere Steigerung der Verfügbarkeit des gesamten Systems. Zu erreichen ist dies durch zunehmende Dezentralisierung der Steuerungsfunktionen. Intelligente Sensorsysteme und intelligente Antriebe verringern die Datenmenge, die zwischen den einzelnen Knoten ausgetauscht werden muß. Damit wird es möglich, sichere und robuste Datenübertragungsstrecken, wie den bereits verwendeten Feldbus, im gesamten System einzusetzen und die Wartung und Instandhaltung der Anlage zu vereinfachen.

Eine Ausweitung der Off-Line-Programmierung auf eine teilweise Kompensation der Toleranzen entlastet den Bordrechner von zeitkritischen Aufgaben. Die gesamten Kalibrierungsdaten und die Deformation können mit aufwendigeren Methoden vorkompensiert werden, um dann mit wesentlich feineren Rastern und einer erheblich größeren Datenmenge die Funktionen auf dem Bordrechner in engeren Toleranzen reproduzierbarer zu erhalten. Durch die Off-Line-Programmierung müssen dann für jeden Manipulator spezifische Varianten zur Verfügung gestellt werden. On-Line sollten nur Aufgaben durchgeführt werden, die Toleranzen kompensieren, die sich nicht voraussagen lassen, wie bei dem hier entwickelten Bahnkorrektursystem.

Im Vorfeld der Wäsche können Off-Line-Simulationen zur Bedienerschulung eingesetzt werden. Realisiert werden kann dies mit Hilfe von „Virtual Reality". Werden die erstellten Programme Off-Line hinsichtlich der Waschzeit und der einzusetzenden Ressourcen optimiert, können weitere Kostenvorteile realisiert werden. Gleichfalls kann die gesamte Einsatzplanung in die Simulation miteinbezogen werden. Um einen größeren Teil der Flugzeugoberfläche zu erreichen, müssen einerseits die zulässigen Toleranzen reduziert und andererseits die kinematische Struktur modifiziert werden. Kritische Bereiche sind hier hauptsächlich die Unterseiten von kleineren Großraumflugzeugen.

Um die Bewegungsgeschwindigkeit und Genauigkeit des Systems weiter zu erhöhen, müssen dynamische Effekte der Manipulatorkinematik in die Bahnkorrektur einbezogen werden.

Eine höhere Verfügbarkeit des Gesamtsystems und die damit verbundene größere Waschfläche wird erreicht, wenn die Sensorik des Systems verbessert werden kann. Die Zuverlässigkeit und Genauigkeit der verwendeten Sensoren entscheidet in hohem Maß über die Wirtschaftlichkeit des Systems. Aufwendungen für Wartung und Inbetriebnahme sind mit „Intelligenten Sensoren" durch den Einsatz entsprechender Werkzeuge auf ein Minimum zu senken. Die minimale Waschzeit ist bei der automatisierten Flugzeugwäsche mit Bürsten durch verfahrenstechnische Kenndaten der Waschbürste begrenzt.

Literaturverzeichnis

[1.1]   Autorenkollektiv
        HfH - Hochflexible Handhabungssysteme
        Karlsruhe: KFK, 1990 (PFT; 153)

[1.2]   Wanner, M.C.
        Results of the Development of a manipulator with very large reach
        In: 5th International Symposium on Robotics in Construction, June 6-8, 1988,
        Tokyo, Japan. Vol. 2 S. 853-660

[1.3]   Desoyer, K.; Kopacek, P.; Troch, I.
        *Industrieroboter und Handhabungsgerate: Aufbau, Dynamik, Steuerung, Regelung
        und Einsatz*
        München; Wien: Oldenbourg, 1985

[2.1]   Autorenkollektiv
        *Komponenten für fortschrittliche Roboter- und Handhabungssysteme -Teilprojekt 5-
        "Hochflexible Handhabungssysteme"*
        Karlsruhe: KFK, 1986 (PFT; 125)

[2.2]   Autorenkollektiv
        HfH Hochflexible Handhabungssysteme
        Karlsruhe: KFK, 1990 (PFT; 153)

[2.3]   Wanner, M.C; Baumeister, K; Köhler, G.W.: Walze, H.
        Hochflexible Handhabungssysteme. Ergebnisse einer Einsatzfallstudie
        In: Robotersysteme 2 (1986) Nr. 2, S. 217-224

[2.4]   Benckert, H.
        Computer controlled concret distribution
        In: 8th International Symposium on Automation and Robotics in Construction,
        3.-5.6. 1991, Stuttgart, Vol 1, S. 111-119

[2.5]   Gengenbach, U.; Eberle, F.; Jacob, W.
        *Uberblick uber Entwicklungsarbeiten fur den Großraummanipulator EMJR am
        Beispiel von Betonsanierungsarbeiten*
        Karlsruhe: KFK, 1990

[2.6]   Wanner, M.C.; Engeln, W.; Rupp, K.D.
        Enabling Technologies for Large Manipulators ESPRIT II Project LAMA
        In: 8th International Symposium on Automation and Robotics in Construction,
        3.-5.6. 1991, Stuttgart, Vol 1, S. 439-446

[2.7]   Wanner M.C.
        Large Manipulators for CIM
        In: CIM-Europe SIG 7 Workshop, 20-21 Febr. 1990,
        Genua: Haly, o.Z.

[2.8]   Warnecke, H.-J.; (Hrsg.) Schraft, R.D.
Industrieroboter Handbuch für Industrie und Wissenschaft
Berlin; Heidelberg; New York: Springer, 1993

[2.9]   Canny, J.F.
The Complexity of Robot Motion Planning
Cambridge: MIT Press, 1987

[2.10] Wöhrnle, C.
Ein systematisches Verfahren für die Ruckwartstransformation bei Industrierobotern
In: Robotersysteme 3 (1987), S. 219-228

[2.11] Klein, C. A.; Huang, C.-H.
Review fo Pseudoinverse Control for Use with Kinematically Redundant Manipulators
In: IEEE Transaction on Systems, Man and Cybernetics 13 (1983) Nr. 3,S. 245-250

[2.12] Nenchev, D.N.
Redundancy Resolution through Local Optimization: A Review.
In: Journal of Robotic Systems 6 (1989) Nr. 6, S. 769 - 798,

[2.13] Keith, L.D.
A Theory of Generalized Inverses Applied to Robotics
In: Int. Journal of Robotics Research 12. (1993). Nr. 1 S. 1-18

[2.14] Maciejewski, A.A; Klein, C.A.
Obstacle avoidance for kinematically redundant manipulators in dynamically varying environments
In: Int. Journal of Robotics Research 4, (1985). Nr. 3 S. 109-117

[2.15] Mehdi, P.; Ligong, H.
Collision Avoidance Control of Redundant Manipulators
In: Mech. Mach. theory Vol 26, (1991). Nr. 6. S. 603-611

[2.16] Colbaugh, R.; Seraji, H.; Glass, K.L.
Obstacle Avoidance for Redundant Robots Using Configuration Control
In: Journal of Robotic Systems 6 (1989) Nr. 6, S. 721-744

[2.17] Sciaviccio, L; Siciliano, B.
A Solution Algorithm to the Inverse Kinematic Problem for Redundant Manipulators.
In: Journal of Robotics and Automation 4 (1988) Nr. 4, S. 403-410

[2.18] Chiacchio, P.; Siciliano, B.
A Closed Loop Jacobian Transpose Scheme for Solving the Inverse Kinematics of Nonredundant and Redundant Wrists
In: Journal of Robotic Systems 6 (1989) Nr. 6, S. 601-630

[2.19] Hsu, P.; Hauser, J.; Stastry, S.
Dynamic Control of Redundant Manipulators
In: Journal of Robotic Systems 6 (1989) Nr. 6, S. 133-148

[2.20] Nakamura, Y.; Hanafusa, H.
Optimal Redundancy Control of Robot Manipulators
In: M.I.T International Journal of Robotics Research 6 (1987) Nr. 1, S. 32-42

[2.21] Kang, H.-J; Freeman, R. A.
Null Space Damping Method for Local Joint Torque Optimization of Redundant Manipulators
In: Journal of Robotic Systems 10 (1993) Nr. 2, S 249-270

[2.22] Schweigert, U.
Toleranzausgleichsysteme für Industrieroboter am Beispiel des feinwerktechnischen Bolzen-Loch-Problems
Berlin, Heidelberg, New York: Springer, 1991
Zugl. Stuttgart, Univ., Diss., 1991

[2.23] Pritschow, G.; Dalacker, M.; Kurz, J.
Application Specific Realisation of a Mobile Robot for On-Site Construction of Masonry
In: 11th International Symposium on Automation and Robotics in Construction, 1994, S. 95-102

[2.24] Schließmann, K.A.
Rechnergestutztes Bediensystem für einen Telemanipulator zur Sanierung von gemauerten Abwasserkanälen
Berlin, Heidelberg, New York: Springer, 1993
Zugl. Stuttgart, Univ., Diss., 1993

[2.25] Wunderlich, H.
Flexible robot control for the building industry
In: 8th International Symposium on Automation and Robotics in Construction, 3.-5.6. 1991, Stuttgart, Vol 2, S. 685-694

[2.26] Pritschow, G.; Dalacker, M.; Kurz, J.
Configurable Control System of a Mobile Robot for On-Site Construction of Masonry
In: 10th International Symposium on Automation and Robotics in Construction 1993, Housten, S. 85-92

[2.27] Scharf, A.
Jeder Anwendungsgruppe ihren Zubringerbus Automatisierung setzt auf Feldbusse.
In: SYSTEME, (1994) Nr. 2, S. 10-19

[2.28] Lawrenz, W.
CAN Controller Area Network Grundlagen und Praxis
Heidelberg: Hüthig 1994

[2.29] Ligois, A.
Automatic Supervisor Control of the Configuration and Behavior of Multibody Mechanisms
In: IEEE Transactions on Systems, Man and Cybernetics 7 (1977), S. 124-131

[3.1]   Schraft, R.D.; Wanner, M.C.; Herkommer, T.F.
„SKYWASH"- Aircraft-Cleaning by Robots
In: Robotics '94 -Flexible Production -Flexible Automation: Proceedings of the 25th
International Symposium on Industrial Robots, 25.-27. April 1994,
Hanover S. 273-288

[3.2]   Putzmeister
Robots for Aircraft Servicing SW33 Skywash
Aichtal, 1993-Firmenschrift

[4.1]   Herkommer, T.F.
Offline-Progr. for Aircraft Washing System
In: IEEE IROS 1994

[4.2]   Herkommer, T.F.; Roth, J.M.; Walter, S.E.
Off-line-Programmieren - Geschichte und aktueller Stand
In: ZwF 86 (1991), S. 392-396

[4.4]   Schiehlen, W.
Technische Dynamik
Stuttgart Teubner, 1985

[4.3]   Eibert, M.; Hopfmüller, H.; Schulz, K.R.
*Großes Anwendungsgebiet für Entfernungsbildkamera, Laserkamera zur 3-D-
Vermessung räumlicher Geometrie*
In: Dornier Post 2/93, (Friedrichshafen) (1993) Nr. 2, S. 29-30

[4.4]   Eibert, M; Lux, P; Schaefer, C.
3-D Sensor System.
In: 8th International Symposium on Automation and Robotics in Construction,
3.-5.6. 1991, Stuttgart, Vol 2, S. 767-778

[4.5]   Johannessen, F; Kristensen, F; Rasmussen, J.
Position and Anti-Collision Sensor Systems for Large Manipulators
In: 8th International Symposium on Automation and Robotics in Construction,
3.-5.6. 1991, Stuttgart, Vol 1, S. 447-454

[4.6]   Oettle, F.
Robuste Industrie-PCs zu vernunftigen Preisen
In: SYSTEME (1993) Nr. 6, S. 12-16

[4.7]   Zeltwanger, H.
*Kein Bussystem erfüllt alle Anforderungen
Auswahlkriterien für das Feldbussystem CAN*
In: SYSTEME (1993) Nr. 6, S. 34-35

[4.8]   Dibble P.C.; Alter H.; Keil R.
*Zeitverhalten bestimmt Anwendungsreaktionen Kriterien zur Beurteilung der
Echtzeiteigenschaften des Betriebssystems OS-9*
In: SYSTEME (1994) Nr. 2, S. 26-29

[5.1]   Hiller, M.
Mechanische Systeme
Hamburg: Springer, 1983

[5.2]   Nikravesh, P.E.
Computer Aided Analysis of Mechanical Systems.
Englewood Cliffs, NJ: Prentice-Hall, 1988

[5.3]   Denavit, J.; Hartenberg, R.S.
A Kinematic Notation for Lower-Pair Mechanisms Based on Matrices.
In: ASME J. App. Mech. 22 (1955), S. 215 - 221

[5.4]   Paul, R.P.
Robot Manipulators: Mathematics, Programming and Control.
Cambridge, Massachustts: MIT-Press, 1983

[5.5]   Nashed, M.Z. (Ed.)
Generalized Inverses and Applications
New York, San Francisco, London: Academic Press, 1976

[5.6]   Kunert, F.
Pseudoinverse Matrizen und die Methode der Regularisierung
Leipzig: Teubner, 1976

[5.7]   Rao, C.R.; Mitra, S.K.
Generalized Inverse of Matrices and its Applications
New York: Wiley, 1971

[5.8]   Zielke, G.
Verallgemeinerte inverse Matrizen
In: Jahrbuch Überblicke Mathematik 1983.
Mannhcim: Bibliographisches Institut, 1983, S. 95 -116

[5.9]   Engeln-Müllges G.; Reuter F.
Formelsamlung zur numerischen Mathematik mit C-Programmen
Mannheim, Wien, Zürich: Bibliographisches Institut, 1987

[5.10]   Jacob, H.G.
Rechnergestutzte Optimierung statischer und dynamischer Systeme
Berlin, Heidelberg, New York: Springer, 1982

[5.11]   Engeln, W.
Rechnergestutzte Auslegungsverfahren fur Großmanipulatoren mit
Gelenkarmkinematik
Berlin, Heidelberg, New York: Springer, 1995
Zugl. Stuttgart, Univ., Diss., 1995

[5.12]   Höfer, A.
Steuerung der Konfiguration eines hochflexiblen redundanten Manipulators
Karlsruhe: Univ. Diss., 1992

[6.1]   Firmenschrift
AEG R500 Bedien- und Programmieranleitung, Hardwarebeschreibung ("Skywash")
Frankfurt: AEG, 1993

[6.2]   Stöppler, S. (Hrsg.)
Dynamische ökonomische Systeme: Analyse und Steuerung.
2.,durchges. Auflage
Wiesbaden: Gabler, 1980

[6.3]   Brammer, K.; Siffling, G.
Kalman-Bucy-Filter: Deterministische Beobachtung und stochastische Filterung.
München, Wien: Oldenbourg, 1985

[6.4]   Lehmann, K., Rupp, K.D., Herkommer, T.F.
Standsicherheitsüberwachung für rechnergesteuerte Großmanipulatoren
In: VDI Berichte (1993) Nr 1094, S. 461-472

[6.5]   Schumacher, H.; Braun, J.
"Skywash": Innovative Steuerungsfunktionen für Großroboter
In: VDI Berichte (1993) Nr. 1094, S. 97-109

[7.1]   Rupp, K.D.; Engeln, W.
Fortschritliche Systemkomponenten fur Großmanipulatoren
In: Erster Brandenburger Workshop Mechatronik 3.-4.11.1994
Brandenburg: Hochschulforum, (1994), S. 120-126

[7.2]   Bosch, K.
Elementare Einführung in die Wahrscheinlichkeitsrechnung
Braunschweig; Wiesbaden: Vieweg 1982

[7.3]   Lippman, S.B.
C++ PRIMER
Cambridge, Massachusetts: Addison-Wesley. 1990

[7.4]   Buchheit, M.
Windows Programmierbuch
Düsseldorf: Sybex, 1994

[7.5]   Press, W.H.; Teukolsky, S.A.; Vetterling, W.T.
Numerical Recipes in C
Cambrigde, Massachusetts: Cambrigde University Press, 1992

[7.6]   Pehrs, J.U., Reuss, H.C.
CAN-das sichere Buskonzept:
Ein Mikrocontroller mit CAN-Implementation toleriert Busfehler
In: Elektronik (1991) Nr. 17, S. 96-101

Lebenslauf

Persönliches   Klaus Dieter Rupp
geboren am 11.04.1961 in Künzelsau
ledig

Schulbildung   1967- 1975   Grund- und Hauptschule Ingelfingen
1975-1981   Aufbaugymnasium Künzelsau   (Abitur)

Wehrdienst   1981- 1983   Panzerbatallion 363
Reserveoffizier (Olt d. Res.)

Hochschulausbildung   1983- 1988   Universität Stuttgart
Technische Kybernetik
(Dipl.-Ing.)

Berufstätigkeit   seit 1988   Wissenschaftlicher Mittarbeiter am
Fraunhofer- Institut für Produktionstechnik
und Automatisierung (FhG - IPA) in
Stuttgart

seit 1992   Freier Mitarbeiter der Steinbeis - Stiftung
(Technische Beratung)

seit 1993   Dozent an der Berufsakademie Stuttgart für
das Fach Rechnertechnik.